国家科学技术学术著作出版基金资助出版

细胞膜色谱法
Cell Membrane Chromatography

贺浪冲 著

化学工业出版社
·北京·

内容简介

人类进入生命科学与人工智能时代，愈来愈多的生物医药问题与物质的生物活性相关，与分子水平的海量数据和认知维度相关。原有的单一对物质物理属性的判定方法，难以解决面临的问题。细胞膜色谱法是一种仿生环境下对物质活性与物性同时进行判定的识别分析方法。本书内容包括了色谱技术发展简史和分子相互作用基础，重点介绍了CMC仿生检测体系、CMC固定相、细胞膜色谱仪和典型应用案例等。在药学应用领域中，细胞膜色谱法是一种药物发现和药品质量控制的有效工具，所以第六章特别选取了九个典型案例，第一节"MrgX2/CMC模型与类过敏反应"有四个案例，介绍了类过敏反应机制和拮抗剂研究；第二节"CMC模型研究SARS-CoV-2"有三个案例，充分反映细胞膜色谱法可以作为应对疫情等突发事件的技术支撑体系；第三节"EGFR/CMC模型的典型应用"有两个案例，表明细胞膜色谱法可以研究配体/受体的特异性作用环节，对同一受体可以选择性地研究胞外或胞内效应区，适合对小分子药物和生物技术药物的筛选分析。

细胞膜色谱法作为一种全新的仿生智能分析方法，旨在为医药卫生、生物、化学化工、环境、食品、检验检测等相关专业的技术人员提供一种分析思路、方法与工具。《细胞膜色谱法》可供相关分析检测的研究人员学习，也可供从事相关专业的技术人员参考使用。

图书在版编目（CIP）数据

细胞膜色谱法 / 贺浪冲著． -- 北京：化学工业出版社，2025.3． -- ISBN 978-7-122-47606-7

Ⅰ．Q241

中国国家版本馆CIP数据核字第20256JA728号

责任编辑：褚红喜　　　　　　　　文字编辑：孙钦炜
责任校对：李雨晴　　　　　　　　装帧设计：刘丽华

出版发行：化学工业出版社
　　　　　（北京市东城区青年湖南街13号　邮政编码100011）
印　　装：河北京平诚乾印刷有限公司
787mm×1092mm　1/16　印张14¾　字数298千字
2025年6月北京第1版第1次印刷

购书咨询：010-64518888　　　　　售后服务：010-64518899
网　　址：http://www.cip.com.cn

凡购买本书，如有缺损质量问题，本社销售中心负责调换。

定　　价：168.00元　　　　　　　　　版权所有　违者必究

序一

1984年，本书作者考上了南京大学仪器分析助教进修班，学习硕士研究生主要课程，我是他们的班主任。记得作者的博士学位论文就是《细胞膜色谱法》，经过30年的坚持并不懈努力，现在成书的《细胞膜色谱法》介绍的内容更加系统化，已经包括了细胞膜色谱（CMC）的理论、方法和仪器，以及较为丰富的应用案例。研制的CMC-分析仪是一种在仿生条件下，以活性靶受体为识别模型，同时检测物质生物活性与理化性质的一种智能化分析装备，也实现了仪器的国产化。

作者在《细胞膜色谱法》中提出了"CMC仿生检测体系"新概念，就是检测分析过程是在仿生条件下进行，直接模拟了被测物的体内过程，由此获得的实验结果将更能反映被测物的潜在功效，对有效发现药物先导物，精准控制药物质量，快速筛选识别复杂体系中目标物等，均有实际应用价值。在CMC仿生检测体系概念的基础上，定义了两个新参数，第一个称为CMC-相对容量因子（k'_{CMC}），是通过CMC仿生检测体系测得的相对于阴性对照品的容量因子值，可以表征被测物有无生物活性；第二个称为CMC-相对活性因子（A_{CMC}），是通过CMC仿生检测体系测得的被测物相对于标准对照品容量因子的比值，可以表征被测物的生物活性强度。所以，可以用k'_{CMC}值和A_{CMC}值的大小，定性与定量评价被测物可能具有的生物活性。另外，对于复杂体系中目标物的分析，建立了一种全新的生物识别分析方法，利用2D/CMC-分析仪中的"CMC-识别单元"，特异性地从复杂体系中辨别目标物，并对其"生物活性与理化特性"双重属性同时进行分析测定。在CMC仿生检测体系中，引入了深度强化学习模型，建立起了CMC-分析仪的智能分析系统，进一步实现细胞膜色谱仪的专业化功能。

《细胞膜色谱法》中提到的分析方法能够同步检测被测物质的"生物活性和理化特性"，这对于有效反映物质的生物效应有重要意义，为生命科学研究提供了有效方法。所以，我很高兴为本书作序，并认为《细胞膜色谱法》较为系统地介绍其原理、技术和仪器，出版发行后，将为生物医药、化学化工、环境、食品、检验检测等行业的工作人员了解这种新方法提供有益参考。

陈洪渊

中国科学院院士
2025年3月于南京

序二

进入21世纪，色谱技术从发明到成熟已经有一百余年的发展历程，其基本原理是利用不同物质间"理化特性"的差别，使"目标物"与其他物质分开而进行检测分析，由于分析样品的复杂性，色谱技术和方法一直在追求"分离最大化"。色谱技术也广泛应用于生命科学领域，尤其是生物医药领域，由于生命现象的特殊性，以及与生物活性的关联性，细胞膜色谱法是以活性靶受体为识别模型，在仿生条件下，可同时检测物质的生物活性与理化性质，可能更有利于解释生物医学问题的独特性，揭示其复杂性。

在《细胞膜色谱法》中首次提出了"CMC仿生检测体系"概念，并对其内涵描述为：在仿生条件下，活性靶受体选择性识别配体并特异性相互作用，由此建立起一种能够模拟分子迁移、受体识别和相互作用现象的色谱模式，能够对被测物（配体或药物）的活性与强度、组成与量值进行评价。基于CMC仿生检测体系概念，定义了可以表征被测物有无生物活性的新参数，称为CMC-相对容量因子（k'_{CMC}），是通过CMC仿生检测体系测得的相对于阴性对照品的容量因子值；定义了可以表征其生物活性强度的新参数，称为CMC-相对活性因子（A_{CMC}），是通过CMC仿生检测体系测得的被测物相对于标准对照品容量因子的比值。用k'_{CMC}值和A_{CMC}值的大小，定性与定量评价被测物（配体或药物）可能具有的生物活性。基于CMC仿生检测体系概念，建立了一种全新的生物识别分析法，利用2D/CMC-分析仪中的"CMC-识别单元"，特异性地从复杂体系中检测目标物，并对其"生物活性与理化特性"双重属性进行定性与定量检测。同时，基于CMC仿生检测体系概念，引入了深度强化学习模型，建立起了CMC-分析仪的智能分析系统，进一步实现细胞膜色谱仪的专业化和"随心助理"化。

利用细胞膜色谱技术能够同步检测物质的"生物活性和理化特性"，有效反映物质的生物效应特征，拓展了以物质理化特性为基础的液相色谱技术。所以，我愿为本书作序，并认为《细胞膜色谱法》较为系统地介绍其原理、技术和仪器，出版发行后，将为医药卫生、化学化工和环境等领域的工作人员了解这种新方法提供参考。

中国科学院院士
2025年3月于大连

前言

从1994年开始历时4年多，我的博士学位论文《细胞膜色谱法》完成，在编后语中写了这样一段话："本文所提出并建立的细胞膜色谱实验模型（CMC模型），是一种仿药物体内作用过程的色谱模型，……在CMC体系中，药物分子与细胞膜及膜受体间极性的、疏水的和立体的相互作用的确得到了充分反映，并直接与药物的药理作用密切相关。但我认为这仍然是细胞膜色谱的雏形，……在扩大应用的基础上进一步深入研究，使这一色谱方法不断趋于成熟和完善。"这30年一路走来，有多少次在停滞与放弃间徘徊，有多少夜在苦思与难眠中煎熬，但深信生物过程之特殊与奥妙，唯有不断学习、纳新、实践，然后再学习、再纳新、再实践，方可滴水穿石，理解生物过程之特殊、接近其真实、认识其本质。所以我们始终坚持并不懈努力，坚持使我们抓住了机遇，共享了生物技术与生物工程的丰硕成果，踏上了人工智能突飞猛进的快车。努力使我们收获了回报，不仅完善了CMC技术的理论与方法，也实现了CMC-分析仪的国产化，为其迭代升级奠定了坚实基础。CMC法不仅在医药卫生和生物领域，而且在化学化工、环境、食品、检验检测等行业，将成为一种有效的仿生智能分析新工具。

本书首次提出了"CMC仿生检测体系"概念，并对其内涵进行了描述：在仿生条件下，活性靶受体选择性识别配体并特异性相互作用，由此建立起一种能够模拟分子迁移、受体识别和相互作用现象的色谱模式，能够对被测物的活性与强度、组成与量值进行评价。基于CMC仿生检测体系概念，定义了可以表征被测物（配体或药物）有无生物活性的新参数，称为CMC-相对容量因子（k'_{CMC}），是通过CMC仿生检测体系测得的相对于阴性对照品的容量因子值；定义了可以表征其生物活性强度的新参数，称为CMC-相对活性因子（A_{CMC}），是通过CMC仿生检测体系测得的被测物（配体或药物）相对于标准对照品容量因子的比值。用k'_{CMC}值和A_{CMC}值的大小，定性与定量评价被测物（配体或药物）可能具有的生物活性。基于CMC仿生检测体系概念，建立了一种全新的生物识别分析法，利用2D/CMC-分析仪中的"CMC-识别单元"，特异性地从复杂体系中辨别、捕获、检测目标物，并对其"生物活性与理化特性"双重属性进行定性与定量检测。同时，基于CMC仿生检测体系概念，引入了深度强化学习模型，建立起了CMC-分析仪的智能分析系统，进一步实现细胞膜色谱仪的专业化、个性化和"随心助理"化。

30多年中，已经有三代人为细胞膜色谱法的形成和发展贡献了智慧和努力，1984年我上南京大学仪器分析助教进修班的导师陈洪渊院士和沈浩教授等，1990年我在美国佐治亚大学药学院进修时的导师James T. Stewart教授等，1994年我读分析化学博士时的导师耿信笃教授以及周同惠院士和高鸿院士等，2003年起药理学家袁秉祥教授将细胞膜色谱应用到药理学研究中……，他们的教诲、指导与鼓励，奠定了我色谱思维和对细胞膜色谱的执着探索，我衷心感谢恩师和前辈们！另外，我的学生如杨广德、郑晓晖、王嗣岑、张彦民、张杰、董亚琳、卢闻、李义平、张涛、贺怀贞、韩省力、王楠、马维娜、王程、刘瑞、吕艳妮、丁园园、张永竟等70多名博士后、博士研究生和130多名硕士研究生，他们将青春、智慧与汗水，融入了细胞膜色谱，并一点一滴推进了其成熟和完善，我由衷感激他们！也是他们的激情荡漾让我忘记了病患与衰老，而奋力前行。还要真诚感谢刘文玉、张振方、白源、罗阁和刘天姝等CMC-分析仪的工程化和产业化的伙伴们！是他们的工匠精神，将一台台实验室样机"融炼"成用户面前的工程机和商品仪，一步步实现着细胞膜色谱的最初构想。我要衷心感谢我的妻子、儿子和儿媳等家人，一如既往对我的厚爱、理解与支持，使我无后顾之忧地投入研究工作和构思写作之中，为自己40多年的学术生涯留下一滴滴信息，引发一点点回忆。

另外，南京大学陈洪渊院士和中国科学院大连化学物理研究所张玉奎院士，百忙之中欣然为本书作序，鼓励后辈，深表谢意！

最后，对国家自然科学基金委重大科学仪器专项和重点项目的持续资助，国家医学攻关产教融合创新平台建设项目的资助，国家科学技术学术著作出版基金的资助，化学工业出版社褚红喜编辑的辛勤工作，一并表示衷心感谢！

在本著作付梓之际，多年养成追求完美的习性，使我深感恐慌，在所难免的不足恳请读者批评指正。

贺浪冲
2025年1月

目录

第一章 概论 001

- 第一节 色谱技术发展概况 …………………… 002
  - 一、早期色谱技术 ……………………… 002
  - 二、色谱理论的提出 …………………… 005
  - 三、生物分子固定相的发展 …………… 010
  - 四、色谱仪器的兴起 …………………… 011
- 第二节 生物技术与人工智能的崛起 ………… 013
  - 一、生物技术 …………………………… 013
  - 二、人工智能 …………………………… 015
- 第三节 细胞膜色谱法的提出 ………………… 016
  - 一、仿生学特性 ………………………… 017
  - 二、生物活性特征 ……………………… 017
  - 三、识别保留特征 ……………………… 017

第二章 分子相互作用基础 019

- 第一节 分子间作用力 ………………………… 020
  - 一、范德华力 …………………………… 020
  - 二、偶极相互作用 ……………………… 020
- 第二节 细胞膜特性 …………………………… 021
  - 一、细胞膜的组成 ……………………… 022
  - 二、细胞膜的分子结构 ………………… 023
  - 三、细胞膜受体分类 …………………… 025
- 第三节 受体学说概述 ………………………… 028
  - 一、细胞膜受体信息传递 ……………… 028
  - 二、配体-受体结合特点 ………………… 029
  - 三、Clark受体占领学说 ………………… 030
  - 四、计算机辅助分子对接
    （molecular docking by computer aided） ……… 030

第三章 CMC仿生检测体系 035

- 第一节 基本概念 ……………………………… 036
  - 一、构建CMC模型 ……………………… 037
  - 二、CMC仿生检测体系 ………………… 038

		三、模拟配体-受体相互作用环节 … 038
		四、模拟配体生物效应环节 … 038
		五、仿生学习模型 … 038
	第二节	生物活性检测 … 039
		一、活性鉴别 … 039
		二、活性测定 … 039
		三、识别富集 … 040
	第三节	配体-受体相互作用与置换 … 040
		一、CMC结合参数 … 040
		二、溶质计量置换 … 043
		三、分子对接分析 … 044
	第四节	CMC-作用参数测定 … 044
		一、K_D值测定法 … 044
		二、计量置换法 … 046
	第五节	CMC-量效关系 … 047
		一、分子生物学效应 … 048
		二、细胞生物学效应 … 048

第四章
CMC-固定相

051

第一节	吸附型固定相 … 052
	一、硅胶载体的特性 … 053
	二、细胞膜的制备 … 053
	三、CMC-ASP的制备 … 054
	四、ASP特性 … 056
第二节	键合型固定相 … 062
	一、蛋白标签技术 … 062
	二、标签靶蛋白细胞的构建 … 063
	三、固定相合成路线 … 067
	四、固定相表征 … 069
	五、固定相特性评价 … 071
	六、实际应用 … 072

第五章
细胞膜色谱仪

083

第一节	主要结构单元 … 084
	一、CMC仿生检测体系（CMC-1D） … 084
	二、分子对接单元 … 085
	三、分离/分析单元（HPLC-2D） … 085
	四、智能分析系统 … 085

第二节 　CMC/RL-分析仪 ·············· 085
　　一、设计与工程化样机 ············ 086
　　二、主要单元 ··················· 086
　　三、运行模式 ··················· 087
　　四、实际应用 ··················· 088
第三节 　2D/CMC-分析仪 ············· 112
　　一、分析仪设计 ·················· 112
　　二、工程化样机 ·················· 113
　　三、主要单元 ··················· 114
　　四、识别分析法 ·················· 114
　　五、实际应用 ··················· 115
第四节 　CMC-气体分析仪 ············ 126
　　一、分析仪设计 ·················· 127
　　二、工程化样机 ·················· 127
　　三、主要部件 ··················· 128
　　四、实际应用 ··················· 128

第六章
典型应用案例

139

第一节 　MrgX2/CMC模型与类过敏反应 ········ 140
第二节 　CMC模型研究SARS-CoV-2 ·········· 175
第三节 　EGFR/CMC模型的典型应用 ·········· 201

参考文献 ······························· 221
主要符号中英对照表 ······················· 222

细胞膜
色谱法 | Cell Membrane Chromatography

第一章

概论

从 1906 年 M. S. Tswett 首次提出色谱技术以来，至今已经过了一百多年的发展。色谱技术从无到有，从实践到理论再到实践，并广泛应用于众多领域，成为一种不可或缺的分析工具。本章从色谱技术发展概况、生物技术与人工智能（artificial intelligence，AI）的崛起和细胞膜色谱法的提出三个方面，简要回顾色谱技术的发展及其与时代进步的紧密关联，以及其对细胞膜色谱法的影响、促进与提升，旨在为与时俱进地发展色谱技术提供一点思路与启迪。

第一节
色谱技术发展概况

回顾历史，色谱技术的发展离不开众多敢为人先的探索者，他们在百年色谱技术的发展历程上，都留下了深深的烙印，像路标一样明示着色谱技术的形成和发展，并时时启迪和激励后人：敢走无人区，拓展新领域。

色谱技术的发展大致可分为早期色谱技术、色谱理论的提出、生物分子固定相的发展和色谱仪器的兴起等几个主要阶段。本节以代表性人物的代表性工作为线索，做一简单介绍。

一、早期色谱技术

（一）Tswett 发明柱吸附色谱法并提出色谱法概念

M. S. Tswett（Micheal Semenovich Tswett），1872 年生，意大利裔俄国人，1891 年在瑞士日内瓦大学攻读物理与数学系学士学位，1893 年在同一所大学的植物实验室攻读博士学位，1896 年获生物学博士学位，是一名植物学家。1897 年至 1902 年，他在华沙大学植物生理学研究所担任助理教授，主要从事植物色素研究。在实验工作中，为了分离植物叶中的色素成分，Tswett 特别组装了一套"色素分离"实验装置（图 1-1），颗粒状碳酸钙置于直立玻璃管中为分离介质，植物叶提取物加入装置顶端，然后用石油醚淋洗，结果植物叶提取物中的色素得到分离，并呈现出了不同颜色的谱带，他称其为"色谱"，柱吸附色谱法由此诞生。

1903 年，Tswett 在俄国学术会议上以俄文介绍了柱吸附色谱法分离植物色素的新方法；1906 年，Tswett 在德国《植物学杂志》发表了这项研究工作，并首次称其为色谱法（chromatography）。

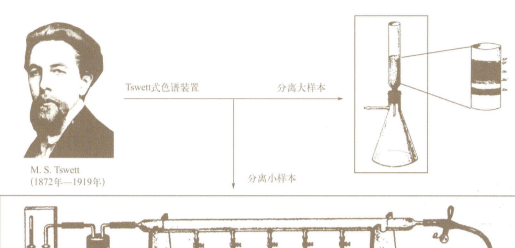

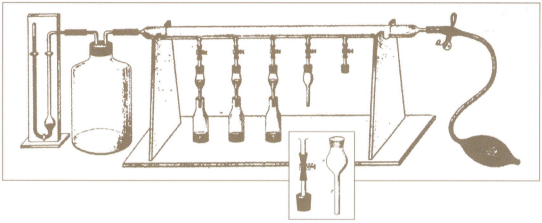

图1-1
Tswett式色谱装置示意图

Leroy Sheldon Palmer
（1887年—1944年）

（二）Palmer应用色谱技术并推动其进步

L. S. Palmer（Leroy Sheldon Palmer），1887年生，美国人，1913年获得化学工程学博士学位，主要从事植物和动物色素的实验研究，尤其是对类胡萝卜素进行了系统研究和总结，于1922年出版了《类胡萝卜素》专著。Palmer是较早认识到Tswett色谱方法优越性并付诸行动的学者，当时普遍认为结晶法是可能获得纯颜料的唯一方法，所以Palmer也被认为是推动色谱技术进步的先驱之一。

Paul Karrer
（1889年—1971年）

Richard Kuhn
（1900年—1967年）

Leopold Ruzicka
（1887年—1976年）

（三）P. Karrer利用色谱法成功分离维生素A

P. Karrer（Paul Karrer），1889年生，瑞士人，1908年在苏黎世大学学习化学，1911年获得博士学位。他主要从事无机化学和天然产物化学研究，非常关注分离和光谱表征方法，主要研究碳水化合物、糖苷、多糖、氨基酸、单宁、卵磷脂和芳香羟基羰基化合物。1928年，Karrer编著的《有机化学教程》出版，成为研究天然产物的工作者们首要参考的著作。1931年，Karrer应用色谱技术，从鱼肝油中分离出了维生素A。1937年，他因对胡萝卜素、叶黄素和维生素A的研究，荣获诺贝尔化学奖。

（四）Kuhn利用色谱法成功分离维生素B_2

R. Kuhn（Richard Kuhn），1900年生，德国人，1922年获得博士学位，主要从事天然产物的分析、结构测定与合成，以及酶化学研究。1933年，Kuhn应用色谱技术，从牛奶、蛋黄中提取出了维生素B_2。1935年，Kuhn用人工方法合成了维生素B_2，并试验其活性。1938年，Kuhn因利用液固吸附色谱技术，成功分离了维生素B_2、胡萝卜素和叶黄素，确定了它们的化学结构，其研究成就卓越，荣获诺贝尔化学奖，也极大地推广了色谱分析技术。

（五）Ruzicka利用色谱法从植物中成功分离一系列多烯类化合物

L. Ruzicka（Leopold Ruzicka），1887年生，瑞士人，1910年获得博士学位，1923年在苏黎世大学担任有机化学教授，主要从事天然产物的有机化学研究。他利用色谱法从植物中成功分离一系列多烯类化合物，并确定了异戊二烯法则，认为高级萜烯由简单整数的异戊二烯组成。1939年，他荣获诺贝尔化学奖。

Archer John Porter Martin
（1910年—2002年）

Richard Laurence
Millington Synge
（1914年—1994年）

二、色谱理论的提出

（一）Martin和Synge发明分配色谱法，提出理论塔板概念

1. 人物介绍

A. J. P. Martin（Archer John Porter Martin），1910年生，英国人，1932年获剑桥大学学士学位，1936年获生物化学博士学位。R. L. M. Synge（Richard Laurence Millington Synge），1914生，英国人，1941年获剑桥大学博士学位。Martin利用氨基酸在两种溶剂中分配系数的差异，创造性地设计了一套基于"液-液分配"原理的实验装置。1938年起，Synge与Martin博士开始了紧密的合作，进一步对实验装置进行优化改造，并成功分离了羊毛中的氨基酸。在对羊毛蛋白质进行分析时，Synge发现乙酰氨基酸可在氯仿和水之间进行分配，于是他们利用"液-液分配"实验装置，检测了乙酰氨基酸在氯仿-水相间的分布特性和分配系数，取得了一系列前所未有的分析结果。

1941年，Martin和Synge首次发表液-液色谱法，并介绍了色谱理论塔板概念。1952年，Martin和Synge因提出液-液色谱分配机理而获诺贝尔化学奖，奠定了色谱发展的理论基础。

2. 分配平衡

Martin和Synge认为，在色谱过程中，当温度一定时，组分在两相间的分配可以达到热力学平衡，此时组分在固定相中的浓度（C_s）与在流动相中的浓度（C_m）之比为一个常数，表示为：

$$K_D = C_s / C_m \tag{1-1}$$

式中，K_D为平衡常数（equilibrium constant）。当色谱体系的固定相和流动相一定时，K_D是反映组分保留特性的参数。K_D值越大，表明组分与固定相的作用越强，易于保留；反之，则组分与固定相的作用弱，易于进入流动相而被洗脱。不同组分由于化学性质不同，具有不同的保留特性或不同的K_D值，从而可以通过色谱方法进行分离。

色谱图（chromatogram）是以组分在柱中的浓度与流出时间作图形成的曲线。描述曲线特征的各种保留参数（retention parameter），反映了组分在色谱柱中的作用和分离特性。保留参数主要包括保留时间（retention time，t_R）和死时间（dead time，t_0）等，容量因子（capacity factor，k'）是其中非常重要的概念。根据分配平衡，容量因子定义为在一定温度下，组分在两相间的分配达到平衡时，其在两相中的绝对量之比，表示为：

$$k' = \frac{\text{组分在固定相的量}（q_s）}{\text{组分在流动相的量}（q_m）} \tag{1-2}$$

根据保留参数，容量因子定义为组分在固定相中的净保留时间与死时间的比值，表示为：

$$k' = \frac{t_R - t_0}{t_0} = \frac{t_R}{t_0} - 1 \tag{1-3}$$

或

$$t_R = t_0 (k' + 1) \tag{1-4}$$

可见，容量因子与平衡常数（K_D）间的关系为：

$$k' = \frac{q_s}{q_m} = K_D \frac{V_s}{V_m} = K_D \varphi \tag{1-5}$$

式中，V_s和V_m分别表示柱内固定相和流动相所占的体积；φ称为色谱柱的相比，$\varphi = V_s / V_m$，色谱柱体积一定时φ为常数。

3. 理论塔板概念（theoretical plate concept）

两个组分得以分离的首要条件是它们具有不同的K_D值或k'值，同时，这也与峰的形状和宽度有关。为了描述色谱峰的宽度，引入理论塔板数（n）和塔板高度（plate height，H）的概念，柱长（column length，L）与塔板高度成正比。所以，色谱柱的性能还可用下式来表示，即：

$$H = \frac{L}{n} \tag{1-6}$$

理论塔板概念被广泛用来描述色谱柱的特性，性能良好的色谱柱，其理论塔板数高，塔板高度值小，峰形窄而对称。

（二）van Deemter提出著名的色谱速率理论

1. 人物介绍

J. J. van Deemter（Jan Josef van Deemter），1918年生，荷兰人，1950

Jan Josef van Deemter
（1918年—2004年）

年获得物理学博士学位，主要从事化学工程研究和色谱理论研究，并取得了显著进展。1956年，van Deemter与F. J. Zuiderweg及A. Klinkenberg合作，提出了色谱速率理论，定量描述了色谱柱效率与各种操作参数之间的关系，后称之为范第姆特方程，该方程至今仍是指导色谱理论研究和实验工作的基础。

2. 范第姆特方程

1956年，van Deemter提出色谱中塔板高度受三方面因素影响，并总结出与流动相线速度（u）有关（图1-2）的经验表达式，该表达式被称为范第姆特方程（van Deemter方程），表示为：

$$H = A + \frac{B}{u} + Cu \tag{1-7}$$

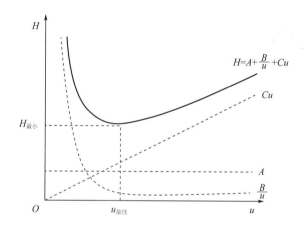

图1-2
塔板高度（H）和流动相线速度（u）的关系

范第姆特方程中各参数均以不同方式影响色谱柱的塔板高度，造成色谱峰展宽，进而影响色谱柱效。

（1）涡流扩散项（A）

A与固定相的粒度大小和均匀度有关，与流动相的性质无关。气相色谱中使用空心毛细管柱（又称空心柱）时，由于无填充颗粒，A项为零。

（2）分子扩散项（$\frac{B}{u}$）

$\frac{B}{u}$项与组分在柱中的浓度梯度和分子的扩散运

动有关,增加流速有利于克服由 $\dfrac{B}{u}$ 项引起的色谱峰展宽。气相色谱中,$\dfrac{B}{u}$ 项是色谱峰展宽的主要因素;而液相色谱中,由于液态分子的扩散运动较低,$\dfrac{B}{u}$ 项可以忽略不计。

（3）传质阻力项（Cu）

Cu 与固定相的液层厚度和柱中流动相的迁移速度有关。组分进入固定相和从固定相返回流动相均需要一定的时间,所以流速的改变将会影响组分在两相间的传质速率,引起色谱峰展宽。液相色谱中,Cu 项是色谱峰展宽的主要因素。

（三）Giddings 将色谱速率理论用于液相色谱

John Calvin Giddings
（1930年—1996年）

J. C. Giddings（John Calvin Giddings）,1930年生,美国人,1954年在犹他大学获得博士学位。从20世纪60年代起,Giddings 研究色谱峰展宽理论,1965年出版了专著《色谱动力学》。1965年底,Giddings首次提出一种适用于大分子、胶体和微粒的新分离方法,称之为场流分离（field-flow fractionation,FFF）,并实现了仪器化。1991年,Giddings出版了分离科学领域的经典著作《统一分离科学》。Giddings创办了《分离科学与技术》杂志并担任执行主编。

（四）Snyder 创立了液 - 固吸附色谱的统一理论

Lloyd R. Snyder
（1931年—2018年）

L. R. Snyder（Lloyd R. Snyder）,1931年生,美国人,1952年毕业于加州大学伯克利分校化学专业。Snyder早期主要从事石油的气相色谱研究,并自主开发了气相色谱装置。Snyder研究了极性固定相和非极性流动相特性、梯度洗脱方法,创立了硅胶涂层液相色谱技术。1968年,Snyder创立了液 - 固吸附色谱的统一理论。20世纪80年代,Snyder与Joseph J. Kirkland和John W. Dolan合著了《现代液相色谱技术导论》，与Joseph L. Glajch和Joseph J. Kirkland合著了《实用高效液相色谱法的建立》。1987~2000年Snyder担任美国 J. Chromatography 杂志主编。

（五）卢佩章和张玉奎开创并发展了中国的色谱理论、技术与仪器

20世纪50年代起，卢佩章和张玉奎先后专注于色谱技术研究，提出并发展了液相色谱溶质保留理论，开展了色谱专家系统的理论、技术及软件等研究，并研制了系列气相智能色谱仪和液相智能色谱仪。1984年，卢佩章创办了《色谱》杂志，1989年卢佩章等编著的《色谱理论基础》出版。2000年，张玉奎等主编的《液相色谱分析》出版。

（六）耿信笃与Fred E. Regnier提出液相色谱溶质计量置换保留机理

1983年，耿信笃与美国科学家Fred E. Regnier合作，提出了反相高效液相色谱溶质计量置换保留模型（SDM-R）。2001年，耿信笃所著《现代分离科学理论导引》出版，2004年，耿信笃所著《计量置换理论及应用》出版，系统阐述了现代色谱分离科学的基础理论和实验方法。

卢佩章
（1925年—2017年）

张玉奎
（1942年—）

Fred E. Regnier
（1938年—）

耿信笃
（1941年—）

三、生物分子固定相的发展

（一）放射性配体结合分析

1965年，W. D. Paton和H. P. Rang建立的放射性配体结合分析（radioligand binding assay，RBA）方法作为研究药物与受体作用的经典方法，极大地推动了受体研究的发展，具有划时代的创新意义。RBA利用放射性标记配体与受体之间的结合反应，通过测量放射性信号来定量分析配体与受体的结合情况。该方法可用于分析激素、神经递质、生长因子、药物等与受体的相互作用，促进了受体药理学研究，并在药物设计、作用机制、生物效应及疾病病因探讨等方面具有广泛的应用。

（二）亲和色谱法

亲和色谱法（affinity chromatography，AC）是利用固定相与被测物质间存在的结合特性进行分离的色谱方法。一般这种结合是可逆的，在流动相的推动下被测物质与样本基质分离。该法常用于从混合物中纯化或浓缩某种物质或组分，也用来去除或减少混合物中某物质或组分。1985年，美国 Marcel Dekker Inc. 出版了色谱科学系列丛书，其中《亲和色谱：实践与理论》（*Affinity Chromatography: Practical and Theoretical Aspects*）主编为Peter Mohr与Klaus Pommerening，该书对亲和色谱法的历史、问题和应用等进行了较为系统的介绍，对科研人员开展相关方面的研究工作具有指导作用。

（三）Pidgenon提出固定化人工膜色谱法

1991年，Charles Pidgeon 教授提出固定化人工膜（immobilized artificial membranes，IAM）色谱法。其基本方法是将单层磷脂膜键合到某一载体表面，得到磷脂膜固定相，这种固定相的极性头向外，形成类似于生物膜的极性表面。这样的人工膜有许多类似于细胞膜的特性。用IAM色谱方法可研究小分子与人造磷脂膜的相互作用，以模仿分子与生物膜的作用特性。

（四）Wainer首次制备了人血清白蛋白色谱固定相

1990年，Irving W. Wainer等首次报道了用人血清白蛋白（human serum albumin，HSA）作为固定相的液相色谱方法，并利用该法研究了苯二氮䓬类药物与HSA的相互作用，之后又研究了华法林和布洛芬等与HSA的相互作用。由于药物进入体内被吸收后通过血液循环到达效应器官，而血液中作为载体蛋白的HSA约占总蛋白质的55%。因此，药物与HSA的作用特性直接影响药物运转特性，从而影响药物与效应器官的作用，由色谱方法测得的药物与

HSA的作用参数对研究药物运转具有直接的重要意义，也使色谱方法用于生命科学的研究更深入了一步。

四、色谱仪器的兴起

在1906年Tswett发明色谱技术后，众多科学家广泛应用色谱方法，解决分离纯化的实际问题，在各自的研究领域都有所发现、有所发明并有所创造，取得了前所未有的结果，推动了行业进步。在此过程中，科学家们提出了色谱理论并不断将其完善，色谱技术在植物、动物和食品等领域的应用日益广泛，实验室使用的色谱分析装备也基本成型，尤其是基本明确了"液相色谱分析仪"的主要结构单元，即输液泵、色谱柱、收集器、检测器等。同时，一些科学仪器企业敏锐地意识到了色谱分析仪的商业价值，介入了色谱装备的研制与开发，极大地推动了色谱分析方法的发展。

（一）柱色谱

由于组分经色谱柱分离后得到的色谱图绝大多数类似于正态分布曲线，可用统计学的方法将理论塔板数定义为：

$$n = \frac{\mu^2}{\sigma^2} \tag{1-8}$$

式中，μ和σ^2分别表示色谱峰的均值（mean）和方差（variance）。在色谱流出曲线上，任何一点的横坐标值若用t表示，则μ为曲线最高点对应的横坐标值，即$\mu = t_R$。而σ则是拐点对应的横坐标值，即$\sigma = |t - \mu|$或$\sigma = |t - t_R|$。由此可见，σ值越大，色谱峰越矮越宽，表示组分在分离过程中扩散作用较强；σ值越小，色谱峰越高越窄，表示组分在分离过程中聚集作用较强。所以n值的大小可以反映色谱过程的总体聚集趋势和扩散程度，是色谱的重要参数。

在实际应用中可以用下式计算n值：

$$n = \left(\frac{\mu}{\sigma}\right)^2 \tag{1-9}$$

将$\mu = t_R$，$W_{\frac{1}{2}} = 2.354\sigma$，代入上式可以得到：

$$n = 5.54\left(\frac{t_R}{W_{\frac{1}{2}}}\right)^2 \tag{1-10}$$

又因为 $W_b = 4\sigma$，还可以得到：

$$n = 16\left(\frac{t_R}{W_b}\right)^2 \tag{1-11}$$

其中，$W_{\frac{1}{2}}$ 为色谱峰的半峰宽；W_b 为峰底宽；h 为峰高。

理论塔板数与柱长（column length，L）成正比。所以，色谱柱的性能还可用塔板高度（plate height，H）来表示，即：

$$H = \frac{L}{n} \tag{1-12}$$

（二）高效液相色谱仪

20世纪70年代，随着液相色谱仪器和固定相的不断改进，商品化的液相色谱仪应运而生。1967年，美国Waters公司推出第一台液相色谱仪ALC-100。之后，高效液相色谱（high performance liquid chromatography，HPLC）仪的商品化，成为现代色谱发展的重要标志。高效液相色谱仪一般由输液泵、进样器、色谱柱、检测器及色谱工作站等组成。

与气相色谱法相比，HPLC不受被测样品挥发性和热稳定性的限制，适用于大部分有机药物的分析检测；另外，HPLC中流动相的选择范围较大，可以更有效地控制和改善分离条件，提高分离效率。

（三）液-质联用色谱仪

液-质联用色谱技术（HPLC-MS）以液相色谱作为分离系统，质谱作为检测系统。被测物在质谱检测系统与流动相分离，并离子化后，通过质量分析器将离子碎片按质荷比（m/z）再分离，经检测器检测得到质谱图。HPLC-MS利用了质谱的高选择性特点，进一步提升了对复杂样品的分离检测能力和检测灵敏度，在复杂药物、生物和环境分析等许多领域得到了广泛的应用。

20世纪90年代，大气压离子化（atmospheric pressure ionization，API）接口技术的成熟，极大地促进了液-质联用色谱技术的发展，并获得广泛应用。目前与HPLC联用的质谱仪有：四极杆质谱仪、四极杆离子阱质谱仪、飞行时间质谱仪和离子回旋共振质谱仪等。

（四）超高效液相色谱仪

20世纪80年代以后，色谱理论、技术和仪器日趋成熟，应用领域十分广泛，但如何提高柱效仍然是液相色谱需要解决的问题。进入21世纪后，一种微载体的高效液相色谱技术成为重要发展方向之一,依据色谱塔板理论,提高色谱柱单位体积内固定相的颗粒数(粒径一般小于5 μm),相应也能够提高理论塔板数,进而提升分离度,这种液相色谱方法被称为超高效液相色谱法(ultra performance liquid chromatography,UPLC)。

第二节 生物技术与人工智能的崛起

20世纪末到21世纪初近半个世纪的短暂时间内,科学技术方面最引人注目并影响人类进步的当属生物技术(biology technology,BT)和人工智能(artificial intelligence,AI),其迅猛发展不仅是科学技术发展的范例,也深远地影响着其他学科的发展与进步,并成为推动相关学科发展的基础和动力。生物技术和人工智能的突飞猛进,也深刻影响着分析仪器科学的变革。新型科学仪器的出现,为医药学发展提供了全新的分析视角和分析工具。

一、生物技术

1985年,美国提出的"人类基因组计划"(human genome project,HGP)是一项跨国、跨学科的宏大科学探索工程,其于1990年正式启动,美国、英国、法国、德国、日本和中国科学家共同参与了这一计划。2001年,人类基因组草图绘制完成,成为20世纪与曼哈顿计划和阿波罗登月计划并列的"三大科学计划"之一,是人类科学发展史上的重大里程碑事件!人类基因组计划直接推动了生物技术及生物学的跨世纪巨大发展,尤其是分子生物学、细胞生物学、结构生物学和生物工程学的迅猛发展,使21世纪成为了生物世纪。这一计划为人类健康产生了新的贡献,即生物技术药物的临床应用,以及各种预防和治疗疾病的疫苗的大规模生产。同时,在人类基因组计划执行和进入后基因组时代的近40年里,为了实现计划目标,创造和改进了多种科学检测仪器,这些仪器已经成为解决生物学问题的"利器",这也是生物技术发展的标志性事件。生物技术与生物学发展不仅提供了新时代科学发展的范例和范式,更成为医药学发展的新基础。

(一)分子测序技术

1975年,Frederick Sanger发明双脱氧链终止法(chain termination method),简称为Sanger法。1977年,第一台测序仪诞生。2005年,Roche发布第一台二代测序

仪。2011年，Stephen W. Turner 和 Jonas Korlach 博士发明三代测序技术，PacBio 公司发布第三代测序仪。经过近半个世纪的时间，基因测序技术的发展涌现了三代，已从需要PCR扩增发展成无需PCR扩增即可实现对每一条DNA分子的单独测序。

单分子测序技术（single molecule sequencing technology，SMST）是一种从头测序技术，即单分子实时DNA测序，由美国Stephen W. Turner 和 Jonas Korlach 博士发明。单分子测序技术不仅成为未来主要发展方向，而且逐渐成为临床分子诊断中的重要技术手段，被应用在基因组测序、甲基化研究、突变鉴定（SNP检测）等方面。

（二）PCR技术

1983年，美国科学家Kary Mullis提出聚合酶链式反应（polymerase chain reaction，PCR）概念，并建立了在体外合成特异DNA片段的方法。PCR技术可以在短时间内使特异DNA片段拷贝数扩增百万倍，从而容易对微量DNA进行分析和鉴定，并在基因诊断中发挥放大效应。它推动了现代医学由细胞水平向分子水平、基因水平发展，是DNA测序的基础，被视为现代分子生物学发展过程中的一座里程碑。Mullis也因此获得了1993年的诺贝尔化学奖。

20世纪90年代，商品化的PCR仪开始上市。根据DNA扩增的目的和检测标准，PCR仪分为普通PCR仪、梯度PCR仪、原位PCR仪及实时荧光定量PCR仪等，现已广泛应用于科学研究、教学、医学临床及检验检疫等领域。

（三）流式细胞术

流式细胞术（flow cytometry，FCM）是20世纪70年代初发展起来的一项高新技术，常用来进行细胞分析和细胞分选，被广泛应用于医学基础研究、临床诊断以及疾病的监测等。

近年来，随着科技的发展创新和医学的进步，流式细胞仪的性能不断完善，操作日渐灵活，流式细胞仪已成为目前临床医学研究中不可或缺的检验工具。

（四）冷冻电子显微术

冷冻电子显微术（cryoelectron microscopy，CM）是在低温下使用透射电子显微镜观察样品的显微技术。该技术通过把样品冷冻并保持低温状态，之后将其置于电子显微镜中，高度相干的电子作为光源从上方照射下来，透过样品和周围的冰层，产生散射信号。这些信号可被探测器和透镜系统捕获并成像记录下来，最后进行信号处理，得到样品的结构。

（五）CRISPR技术

2013年，成簇规律间隔短回文重复（clustered regulatory interspaced

short palindromic repeat，CRISPR）技术被首次提出，是一种强大的DNA剪切技术。2022年，人们已将CRISPR技术带出实验室并运用到真正的医学治疗中，创造出了一种治疗镰状细胞病的疗法，这也是CRISPR技术战胜镰状细胞病的首个临床应用案例。

二、人工智能

21世纪初，以人工智能为代表的信息科学迅猛发展，标志性事件为：2017年AlphaGo Zero问世，通过深度学习算法和自身优化比较，可获得超常技能。从2020年开始，AI个性化技术发展已经成为一种潮流，在各行各业均显示出了巨大的应用前景。例如，AI医生个性化疾病诊断与精准治疗，AI药师个性化临床用药与药物研发，以及AI导师个性化因材施教等，AI个性化技术对传统行业的"冲击和颠覆"是前所未有的，对人类社会的影响和变革将是史无前例的。

（一）AlphaGo Zero

2017年，谷歌下属的Deepmind公司在*Nature*发布了AlphaGo Zero新版程序，在深度神经网络和树搜索算法的基础上，采用强化学习算法，使计算机程序无需人类的知识，通过自我对弈便可学习升级。

（二）ChatGPT

2022年，美国人工智能研究实验室OpenAI发布了聊天机器人程序，该程序是一种人工智能技术驱动的自然语言处理工具，被称为ChatGPT（chat generative pre-trained transformer）。ChatGPT使用了Transformer神经网络架构，这是一种用于处理序列数据的模型，拥有语言理解和文本生成能力，尤其是它能够通过连接大量的语料库来训练模型。ChatGPT具有强大的真实世界数据库，这使得ChatGPT具备聊天、互动以及无障碍交流的能力，还能作为助手完成撰写邮件、视频脚本、文案、代码、翻译等任务。2023年，OpenAI在系统层面给ChatGPT定制了一些指令（custom instructions），令机器人在更具有个性化特色的同时，更好地贴近使用者的需求。

2023年，美国卡内基梅隆大学展示了一项AI研究结果，是一个由GPT-4驱动的"AI化学实验室"，称为"Coscientist"系统。该系统以GPT-4为基础，可通过调用4个命令（谷歌、Python、文档和实验）来规划实验。Coscientist融合了大型语言模型、互联网和文档搜索的能力，能够根据掌握的信息自主指导行动，进行自动实验的设计、规划和执行。研究团队以阿司匹林、对乙酰氨基酚和布洛芬等药物分子为例，对Coscientist系统进行了测试，实际表现基本达到预期。这开启了AI自动化科学研究的新纪元。

（三）AlphaFold 3

2020年，AlphaFold成功应用于蛋白质结构预测，开辟了创新药物发现的新途径。2023年，具有诺贝尔奖"风向标"之称的拉斯克奖（the Lasker awards）揭晓，其中基础医学研究奖授予谷歌DeepMind公司创始人兼CEO Demis Hassabis博士和其成员John Jumper博士，以表彰他们发明了能够预测蛋白质三维结构的革命性AI技术AlphaFold。2024年，他们因在"蛋白质结构预测"方面的成就获得了诺贝尔化学奖。

2024年，谷歌DeepMind公司发布了AlphaFold 3，其是在2018年AlphaFold和2020年AlphaFold 2基础上的升级版，能够以很高水平的精度，预测出所有生物分子的结构和相互作用。AlphaFold 3可以生成蛋白质、核酸（DNA/RNA）和更小分子的3D结构，并揭示它们如何组合在一起。它还可以模拟细胞内的化学变化，以控制细胞的正常运转，预防疾病的发生。这标志着在AI理解和建模生物学的道路上，AI又迈出了重要一步！

第三节
细胞膜色谱法的提出

20世纪90年代初，西安交通大学贺浪冲教授提出细胞膜色谱（cell membrane chromatography, CMC）技术。1996年，他在全国生物医药色谱学术报告会上首次报道了CMC的研究结果。1998年，贺浪冲的博士学位论文《细胞膜色谱法》对CMC的理论、技术和方法进行了系统的阐述。2012年，贺浪冲教授团队开展了CMC仪器化研究工作。在此过程中，随着生物技术和人工智能的超速发展，以及团队的老师、历届博士研究生和硕士研究生的不懈努力与始终坚持，CMC得以发展并显示出愈来愈强的时代性和巨大的应用潜力。随着时代的发展，CMC理论体系逐渐完善，应用领域不断拓展，成为创新药物筛选发现、复杂体系目标物识别与药品质量控制的有效分析手段。在此基础上，贺浪冲教授团队自2012年起利用仿生学思路，结合生物工程技术、人工智能与大数据技术，自主开发了CMC-配体/受体作用分析仪、2D/CMC-目标物分析仪和CMC-气体分析仪等系列分析装备，这些装备已应用于医药、生物、食品和环境科学等领域，提升了创新药物发现效率，提高了中药、空气等复杂体系检测与分析能力。

当前，应用于生命科学领域的分析检测仪器，基本是20世纪中、后叶物理学、电子学和分离科学进步的产物，是以被测物质的理化特性为基础建立的，无法同步反映被测物质的生物活性属性。细胞膜色谱法所构建的仿生检测体系，以活性靶受体为识别模型，具备同步完成对被测物质"生物活性与理化特性"的检测功能，并对其双重属性进行直接定性与定量表征，有可能为生命科学研究提供新的分析工具。细胞膜色谱法中提出的"CMC仿生检测体系"具有如下基本特征。

一、仿生学特性

CMC是一项原创性的仿生色谱技术，是以配体-受体特异性相互作用为基础，将体内配体尤其是药物与膜受体的作用过程，模仿转化为体外色谱过程的分析技术。为实现仿生识别分析过程，建立了CMC仿生检测体系，包括保持酶活性的膜受体固定相、仿生色谱条件、模拟配体-受体作用环节、模拟效应环节及智能学习模型等。在CMC仿生检测体系中，药物（配体）-膜受体的色谱过程，与其体内过程是类似的，测得的CMC参数将更有效地反映药物（配体）的特性，以及与其体内过程的相关性。

二、生物活性特征

CMC仿生检测体系可以对被测物的生物活性进行表征，体现在被测物（药物或配体）被膜受体固定相特异性结合，可以测到K_D值或k'值等色谱保留参数，直接反映其在体内与膜受体存在类似的结合作用，可能引起拮抗或激动的生物效应，是对保留物（药物或配体）是否具有生物活性的一种化学判断。这种对生物活性的分析功能在药物先导物筛选、药品质量控制和未知物分析中有特别的重要性。

三、识别保留特征

色谱技术在从发明到成熟的百年发展中，利用被测物质"物理属性"的差别，通过"吸附-解吸附"的循环往复，将理化性质不同的物质分离。然而，由于部分物质性质相近而分离困难，传统色谱方法一直在追求"分离最大化"。

CMC的识别保留特征，则是在CMC仿生检测体系中，药物或配体被膜受体固定相特异性分辨而捕获，并从复杂体系中分离；而同步测得的K_D值或k'值等色谱保留参数，则反映了药物或配体与膜受体结合的程度。能够被识别保留的药物或配体，可以进入第二维HPLC系统进一步分析。所以，CMC在分析复杂样本时，极大地降低了"分离"样本的需求，是一种高效的生物识别分析新技术，可用于解决药物发现与药品质量控制的技术难题，将开拓生物识别分析新领域。

本著作将系统介绍分子相互作用基础、CMC仿生检测体系、CMC-固定相、细胞膜色谱仪以及典型应用案例，旨在为医药卫生、生物、化学化工、环境、食品、检验检测等相关专业的技术人员提供一种分析思路、方法与工具。

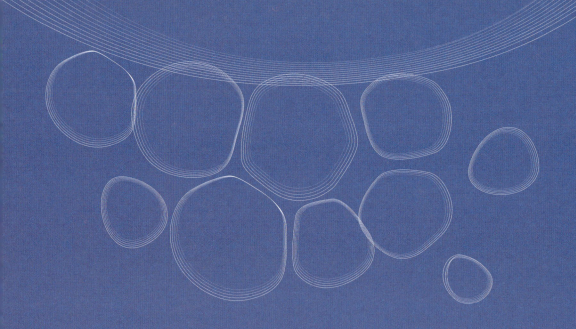

细胞膜
色谱法 | Cell Membrane Chromatography

第二章

分子相互作用基础

第一节
分子间作用力

分子间相互作用（intermolecular interaction）是由一种分子间非成键的作用力而引发的。其是药物分子产生生物效应或药理活性的基础，更是影响药物物理性质的基础。下文将简要介绍范德华力和偶极相互作用。

一、范德华力

范德华力（van der Waals force）是一种分子间作用力，本质上是一种静电性质的吸引作用，具有加和性。其一般有三个来源。

（一）取向力（orientation force 或 dipole-dipole force）

取向力是发生在极性分子间的永久偶极矩相互作用。极性分子的电性分布不均匀，一端带正电，一端带负电，形成极性偶极。因此，当两个极性分子相互接近时，由于它们偶极的同极相斥，异极相吸，两个分子必将发生相对转动，称之为"取向"，而由极性分子的取向而产生的分子间力称为取向力。

（二）诱导力（induction force）

一个极性分子使另一个分子极化，产生诱导偶极矩并相互吸引。一个极性分子与另一个非极性分子接触时，由于极性分子的影响，非极性分子的电子云与原子核发生相对位移，从而产生诱导偶极，并与原极性分子的固有偶极相互吸引，这样产生的作用力叫诱导力。一般情况下，两个极性分子间应该既具有取向力，也有诱导力。

（三）色散力（dispersion force 或 London force）

非极性分子间，由于电子运动产生瞬时偶极矩差异并相互吸引。当两个非极性分子相互接触时，由于每个分子的电子的不断运动与原子核的不断振动，经常发生电子云和原子核之间的瞬时相对位移，产生瞬时偶极。而这种瞬时偶极间又会不断地重复作用，使得非极性分子间始终存在着相互吸引力，称之为色散力。色散力在范德华力中一般是贡献最大的作用力。

二、偶极相互作用

偶极相互作用（dipole interaction）是一个极性分子的正电性端与另一个极性分子的负电性端之间的相互吸引作用。这种相互作用一般分为氢键、卤键、离子-偶极相互作用等。

（一）氢键（hydrogen bonding）

氢键的本质是一个强极性键上的氢原子与另一个含孤电子对且电负性较高的原子（F、O、N）之间的静电引力。氢键可以在分子内形成，称为分子内氢键（intramolecular hydrogen bonding），也可以在不同分子间形成，称为分子间氢键（intermolecular hydrogen bonding）。氢键具有较高的选择性、饱和性和方向性；在"折叠体化学"中，多氢键具有协同作用，诱导线性分子形成螺旋结构。另外，氢键对药物的理化性质，如熔点、沸点、溶解度、黏度和密度等，都有很大影响。

（二）卤键（halogen bonding）

卤键类似于氢键，是由一个卤原子（路易斯酸）与另一个中性或带负电性的分子（路易斯碱）之间形成的相互作用，是一种分子间弱相互作用，在分子识别、手性拆分、晶体工程和超分子组装等众多领域有着广泛的应用。

在R—X⋯Y卤键配合物中，R—X被定义为卤键供体，X为卤原子，Y为卤键受体，X和Y之间的原子间距离小于相应的范德华半径之和。发生—X⋯Y相互作用时，R—X的共价键相对于无相互作用的R—X分子被拉长。此外，卤键具有高度的方向性，其R—X⋯Y键角通常接近180°。

（三）离子-偶极相互作用（ion-dipole interaction）

离子-偶极相互作用包括离子-偶极作用和离子-诱导偶极（ion-induced dipole）作用。离子-偶极作用是指一个离子（正电性）与另一个极性分子（负电性）之间的相互作用。例如：碱金属离子与冠醚形成的冠醚配合物、镁离子和水作用形成的水合物等。离子-诱导偶极作用是一个离子接近非极性分子时，会引起分子中电荷的重新分布，从而产生偶极并相互吸引。

第二节
细胞膜特性

细胞是组成有机体的结构单位。它的功能直接联系到机体的生命过程，如果能够运用分子生物学、色谱学和数学的思想和方法，从细胞整体水平、亚细胞水平和分子水平以动态的视角在体外对生命过程进行模拟研究，即仿生学研究，对探索生命的本质和规律有重要意义。

细胞膜(cell membrane)是细胞中最重要的结构之一。它是包围着细胞内部,将其与外界环境分隔开来的一层膜性结构。细胞膜在物质运输、离子通透、能量转换、信息传导等方面起重要作用。

一、细胞膜的组成

细胞膜的主要化学成分是脂类和蛋白质,其中脂类约占膜总含量的50%,蛋白质占40%,糖类占2%～10%,另外,细胞膜还含有水分、少量无机盐以及微量核酸。蛋白质和脂类的比例因细胞膜种类的不同而存在很大差异。一般来讲,功能多而复杂的细胞膜中蛋白质比例较大;相反,细胞膜功能越简单,所含蛋白质的种类和数量越少。例如,人的中枢神经髓鞘主要起绝缘作用,构成髓鞘的神经胶质细胞的细胞膜中脂类含量达80%;人红细胞和大鼠肝细胞的细胞膜中,蛋白质约占60%,脂类约占40%。

(一)细胞膜脂类

在大多数动物细胞中,脂类约占50%。细胞膜所包含的脂类主要有三种:磷脂、胆固醇和糖脂,其中以磷脂含量最多。一个磷脂分子(图2-1)有一个亲水的极性头和由两个非极性的碳氢链尾组成的疏水的非极性末端。

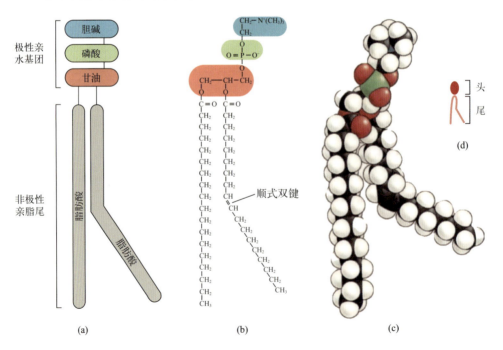

图2-1
磷脂分子结构图
(a) 功能示意图;(b) 化学结构图;(c) 立体结构示意图;(d) 示意简图

(二)细胞膜蛋白质

细胞膜中的蛋白质都是球形蛋白,有单体,也有聚合体。根据膜蛋白与膜脂的相互作用方式及其存在部位,膜蛋白可分为膜周边蛋白质(peripheral protein)和膜整合蛋白质(integral protein)。按其功能又可分为受体蛋白(receptor protein)、载体蛋白(carrier protein)和酶蛋白(enzyme protein)。随着研究的不断深入,目前科学家们已测出细胞膜上有30多种酶。

(三)糖类

细胞膜中的糖类主要有中性糖(如D-半乳糖、D-甘露糖、L-岩藻糖等)、氨基糖(D-半乳糖胺、D-葡糖胺等)和氨基糖酸(唾液酸)。这些糖类主要以与脂类或蛋白质相结合的形式存在,形成糖脂和糖蛋白,分布于细胞膜的外表面。

二、细胞膜的分子结构

(一)膜结构分子之间的相互作用

在电子显微镜下,细胞膜是一层厚约80Å的膜。用锇酸固定的样品,在电镜下可见细胞膜有三个层次,内外层为电子致密层,均厚约25Å,中间透明层厚约25~35Å。Chapman和Wallach等认为膜中分子间力基本上有三种类型:疏水力、非键合的分子引力和静电力。细胞膜中极性脂质的亲水特性对维持膜的稳定结构非常必要。在水环境中,由于热力学稳定性的要求,脂质的亲水性头部和水相吸引而朝向水相,疏水性尾部则彼此相对排列,从而形成脂质双分子层,即发生所谓"疏水相互作用"。除了共价键、离子键和氢键之外,疏水相互作用是分子生物学中一类相当重要的"键",它使极性分子强烈地彼此连接。蛋白质-蛋白质相互作用、蛋白质高级结构的缠曲、膜蛋白-脂质相互作用等都与它有关。

(二)细胞膜的分子结构模型

几十年来生物膜的研究和各种膜结构模型的探索都围绕着细胞膜中的蛋白质(包括酶)、脂质等组分的排列和装配、它们的物理化学性质和相互作用、膜结构和膜功能的表现和调节等方面进行。迄今为止,提出的模型已有几十种之多。1925年,Gorter和Grentel用丙酮提取红细胞的脂类,发现脂类铺成单层的面积几乎是从中提取出的红细胞表面积的两倍,由此首次提出了脂质在膜中组成双分子层结构,这可能是能量上最稳定的一种有效结构形式。

随着研究工作的不断深入进行，人们对膜分子结构的概念和模型进行了不断的修改和补充。1972年，Singer和Nicholson根据生物分子在水相中的热力学原理以及膜蛋白和磷脂的"双型"特征，进一步提出了流体镶嵌模型。它主要是将生物膜看作球形蛋白和脂类的二维排列的流体膜（图2-2）。这一模型的主要特点是：①强调膜结构的不对称性和不均匀性。②强调膜结构的流动性。该模型认为，脂类为液态，可以"流动"，蛋白质分子在膜内可以移动位置，但只能做水平方向的位移。膜的功能是由蛋白质与蛋白质、蛋白质与脂类、脂类和脂类之间相互复杂的作用来实现的。

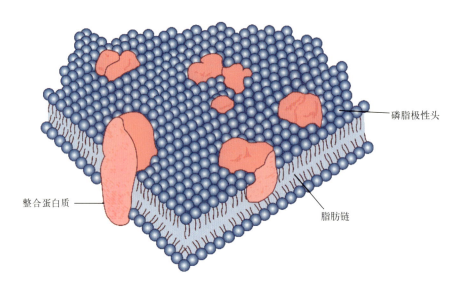

图2-2
细胞膜流体镶嵌模型

目前，流体镶嵌模型能够较为客观地反映膜的动态结构，有比较充分的实验依据，并且可以更好地阐明膜及其表面各种功能现象。所有生物膜的分子结构可具有下列几个共同的特点。

1. 镶嵌性

细胞膜的基本结构是由脂质双分子层与跨膜蛋白质构成。双层脂质分子以疏水性尾部相对，极性头部朝向水相。

2. 流动性

膜结构中的分子均处于运动状态，如其上的蛋白质和脂类分子具有相对侧向流动性，可横向倒翻、旋转或移位。

3. 不对称性

膜两侧的分子性质和结构各不相同，呈差异性分布，但又相互协同，发挥着不同的生理功能。

4. 蛋白质极性

多肽链的极性区突向膜表面，非极性部分埋在脂质双分子层内部。蛋白质分子既与水溶性分子也与脂溶性分子具有亲和性。

三、细胞膜受体分类

受体是一类特殊的蛋白质。靶细胞对信号分子的反应依赖于特异的受体。定位于细胞膜上的受体是镶嵌在膜上的蛋白质分子，也有部分受体定位于胞内。受体分子与信号分子的结合从分子水平上看必须有构象的适应。

受体的数量在细胞个体间存在很大的差异，其数量范围广泛，从500个到100000个不等，一般为10000~20000个。受体可平均分布于整个细胞表面，也可集中分布于膜上的一个局部区域。一个细胞内，典型的类固醇激素受体约有10000个。受体蛋白一般仅占细胞总蛋白质量的10^{-6}，占细胞膜蛋白质量的10^{-3}~10^{-4}。神经肌肉接头处受体常密集分布于突触后膜的脊上，可占该处蛋白质的50%。此外，受体分子本身也在不断代谢和更新。一般而言，膜受体的平均半衰期为一天，而鸡肝细胞膜上的胰岛素受体的半衰期为9小时。

（一）G蛋白偶联受体

G蛋白偶联受体（G protein-coupled receptors, GPCRs）是一类能够结合神经递质、激素或其他信号分子，并通过与G蛋白相互作用来传递这些信号至细胞内的膜蛋白受体的统称，也是数量最多的细胞膜受体。每个G蛋白偶联受体包含七个α螺旋组成的跨膜结构域，这些结构域将受体分割为膜外N端（N-terminus）、膜内C端（C-terminus）、3个膜外环和3个膜内环。受体的膜外部分经常带有糖基化修饰，膜外环上含有两个高度保守的半胱氨酸残基，它们可以通过形成二硫键稳定受体的空间结构。

当配体与G蛋白偶联受体结合后，会激活相邻的G蛋白。被激活的G蛋白又可激活或抑制一种产生特异性第二信使的酶或离子通道，引起膜电位的变化。这种受体参与的信号转导作用要和与GTP结合的调节蛋白相偶联，因此被称为G蛋白偶联受体。处于激活状态的GPCRs可以激活G蛋白，使G蛋白的α亚基与β亚基、γ亚基分离，并在鸟苷酸交换因子（GEF）的帮助下通过GTP交换G蛋白上结合的GDP，使得G蛋白进一步激活腺苷酸环化酶（AC）系统产生第二信使cAMP，从而产生进一步的生物学效应。

G蛋白偶联受体参与众多生理过程，包括感光、嗅觉、行为和情绪的调节，免疫系统的调节，自主神经系统的调节，细胞密度的调节以及维持稳态等，在细胞信号传导中发挥着重要的作用。

（二）酪氨酸激酶受体

酪氨酸激酶受体，也称为受体型酪氨酸激酶（receptor tyrosine kinase，RTK），是一类具有特殊结构和功能的细胞表面受体。它既是受体，又是酶，能够同配体结合，并将靶蛋白的酪氨酸残基磷酸化。这类受体在细胞信号传导中起着关键的作用，能够将细胞外的信号传递到细胞内，进而引发一系列的生物化学反应。

酪氨酸激酶受体由三个主要部分组成：①细胞外结构域，含有配体结合位点，负责识别并结合细胞外的信号分子，如生长因子、细胞因子等；②单次跨膜的疏水α螺旋区，连接细胞外结构域和细胞内结构域，使得受体能够固定在细胞膜上；③细胞内结构域，含有酪氨酸蛋白激酶（TPK）活性，当细胞外结构域与配体结合后，该结构域被激活，进而催化靶蛋白的酪氨酸残基磷酸化。

酪氨酸激酶受体通过与配体结合，激活细胞内的酪氨酸蛋白激酶的活性，进而催化靶蛋白的酪氨酸残基磷酸化。磷酸化后的靶蛋白成为信号转导分子，参与细胞内的信号传导过程。此外，酪氨酸激酶受体在细胞生长、分化、代谢、凋亡等过程中发挥重要的调控作用，通过调控信号传导通路的开启和关闭，影响细胞的生理功能和命运。酪氨酸激酶受体的异常表达或突变与癌症、纤维化等多种疾病的发生和发展密切相关。这些异常可能导致信号传导通路的异常激活或抑制，进而引发细胞功能异常和疾病发生。

酪氨酸激酶受体可以分为多种类型，主要包括表皮生长因子受体家族（EGFR、ERBB2、ERBB3、ERBB4）、胰岛素受体家族（INSR、IGFR）和血小板衍生生长因子受体家族（PDGFRα、PDGFRβ、M-CSFR、KIT、FLT3L）等。这些不同类型的受体在结构和功能上具有一定的差异，但都具有类似的信号传导机制，在细胞信号传导和细胞调控中发挥着重要作用。

（三）离子通道受体

离子通道受体（ion channel linked receptor），也被称为离子通道型受体（ionotropic receptor），是一类跨膜蛋白，它们具有离子通道的功能，能够允许特定类型的离子（如Na^+、K^+、Ca^{2+}、Cl^-等）通过细胞膜。与受电位控制的离子通道不同，离子通道受体的开放或关闭直接受化学配体的控制，这些配体通常为神经递质或其他信号分子。

离子通道受体通常由多个亚基组成，每个亚基包含跨膜结构域和胞外配体结合结构域。跨膜结构域形成离子通道，允许离子通过；胞外配体结合结构域则负责识别并结合化学配体。当化学配体与离子通道受体的胞外配体结合结构域结合时，会引起受体构象改变，从而导致离子通道开放或关闭。这种构象变化使得特定类型的离子能够顺浓度梯度通过细胞膜，进而改变细胞膜的电位，产生电信号。这些电信号随后在细胞内进行传导和处理，最终影响细胞的功能和行为。

离子通道受体的特性如下：①直接性。离子通道受体的开放或关闭直接受化学配体的控制，无需通过第二信使等中间环节。②高效性。离子通道受体能够直接控制离子的跨膜运输，因此它们能够迅速地将化学信号转化为电信号，实现高效的信号传导。③特异性。离子通道受体对化学配体具有高度的特异性识别能力，从而确保信号传导的准确性和可靠性。

（四）具有内在酶活性的受体

此外，还有几种具有内在酶活性的受体，包括受体型丝氨酸/苏氨酸激酶、转运体等。

受体型丝氨酸/苏氨酸激酶（receptor serine/threonine kinase，RSTK），也可称为丝氨酸/苏氨酸激酶受体，是一类位于细胞膜上的单次跨膜蛋白，其胞内区域具有丝氨酸/苏氨酸蛋白激酶活性。这类受体以异二聚体的形式行使功能，主要作用是将细胞外的信号通过磷酸化下游信号蛋白质中的丝氨酸或苏氨酸残基，传入细胞内，并进一步影响基因转录，从而实现多种生物学功能。

丝氨酸/苏氨酸激酶受体由细胞外结构域、单次跨膜区和细胞内激酶结构域组成。细胞外结构域负责识别和结合配体（如转化生长因子-β，TGF-β），而细胞内激酶结构域则负责催化底物蛋白质的丝氨酸/苏氨酸磷酸化。当配体与受体结合后，会触发受体构象发生变化，激活其胞内区域的丝氨酸/苏氨酸蛋白激酶活性，进而触发一系列信号转导过程，影响细胞的增殖、分化、代谢等多种生物学功能。

转运体，也称为载体蛋白，通过其特定的结构和功能，促进细胞内外物质的转运过程。这些物质包括离子、神经递质、营养物质（如氨基酸、葡萄糖等）以及外来物质（如药物）。转运体通过主动转运或被动转运的方式，维持细胞的营养供给和细胞内外物质的动态平衡，进而确保各种重要组织器官功能的正常发挥。根据转运体的功能和特性，其可分为多种类型，包括但不限于：①离子转运体，负责细胞内外离子的转运，如钠离子、钾离子等，对维持细胞的电生理特性和渗透压平衡至关重要。②神经递质转运体，参与神经递质的再摄取和释放过程，调节神经信号的传递和神经元的兴奋性。③营养物质转运体，如氨基酸转运体、葡萄糖转运体等，负责细胞对营养物质的摄取和利用。④药物转运体，在药物吸收、分布、代谢和排泄等体内过程中发挥重要作用，是药物研发的重要靶标。

第三节
受体学说概述

细胞膜受体是膜上的一类特殊蛋白质。它们能够有选择地与胞外环境中的特定物质，如抗原、病毒、激素和药物等相结合，识别、传输细胞的信息，并能将外来信号转换为细胞内部信号，以诱发、改变或调节细胞的活动，使细胞的功能和物质代谢朝着一定的方向变化。因此，受体是实现细胞间通讯的关键机构。

一、细胞膜受体信息传递

配体（或药物）必须与受体结合才能产生偶联应答反应。配体和受体结合，正如酶和底物的结合一样依靠相互间的非共价键。由于受体结构不同，接受的化学信号不同，所以引起的细胞内变化也就不同。一般来说，膜受体可分为三个功能结构部分（图2-3）：

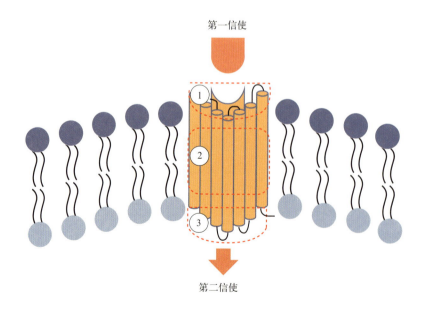

图2-3
细胞膜受体功能结构图
①—鉴别器；②—转换器；③—效应器

① 鉴别器（discriminator）或分辨部，是受体蛋白向着细胞外的部分，能识别外界的化学信号，鉴别器部分一般是糖蛋白的带有糖链的部分。糖链是多种多样的，它能分别识别不同的化学信号。

② 转换器（transducer），可将分辨部所接收的信号转换为蛋白质的构型变化，传给效应器。

③ 效应器（effector），是朝向细胞质的部分。它的构型变化，引起细胞内部产生一定的变化，即使细胞在接受外界化学信号后产生一定的效应。效应器蛋白一般有酶的活性，如腺苷酸环化酶、鸟苷酸环化酶等。

细胞膜受体的三部分，可以是不同的蛋白质，也可以是同一蛋白质的不同亚单位。分辨部和转换器可以是分别独立的蛋白质亚单位，也可以是同一亚单位的不同部分。

二、配体-受体结合特点

信号分子（如药物分子）与细胞膜受体相互作用的第一步是，信号分子与受体三维空间结构的选择性互补结合。所有结合都会引起受体蛋白构象的改变。只有发生第一步结合，才能继续进行连锁反应的第二步，即把配体的作用转变成适当的第二信使等，随后才能发生第三步——在细胞内产生放大的生物偶联应答反应。

信号分子（药物分子）与受体的结合有以下几个特点。

1. 高度特异性

二者必须实现三维空间结构的选择性互补结合，这涵盖了分子几何形状适配、反应基团定位精确以及特定构型要求等多个方面。

2. 高度亲和力

信号分子和受体之间的亲和常数 K_a 一般为 $10^8 \sim 10^{10} M^{-1}$ ❶，故二者结合迅速而灵敏，使细胞能觉察局部和全身低浓度信号分子的轻微改变。

3. 可逆性

信号分子与受体间的相互作用，一般是通过非共价的离子键、氢键或范德华力等相互结合，容易被置换或解离。

4. 可饱和性

由于膜受体的表达量是有限的，各种信号分子和受体结合也有限度，这一般可以用可饱和性来反映。

---

❶ 在化学、生物化学、分子生物学等领域，常用"M"来表示"mol/L"。

5. 生物效应

信号分子与受体间发生相互作用就启动了生物反应过程，并通过一系列细胞信号转导机制，对机体产生特定影响。

三、Clark 受体占领学说

1937年，Clark首先提出受体占领学说（occupation theory），认为药物与受体间的相互作用是可逆的，其效应的大小与药物占领受体的数量成正比。之后，科学家们还提出了药物与受体结合需要亲和力与内在活性才能激动受体的修正受体占领学说，以及速率学说（rate theory）与变构学说（allosteric theory）等，对配体-受体相互作用规律进行了药理学的理论阐述。受体占领学说中的表达式见式（2-1）和式（2-2）。

$$L + R \leftrightarrow LR \tag{2-1}$$

式中，L为配体；R为受体；LR为配体-受体复合物。

当受体被全部配体占领并达到平衡时，配体-受体复合物的解离常数（即平衡常数）K_D为：

$$K_D = \frac{[L][R]}{[LR]} \tag{2-2}$$

式中，[L]为配体浓度；[R]为自由受体浓度；[LR]为配体-受体复合物浓度。

然而，受体占领学说无法完全得到实验验证，体外进行的间接实验难以反映配体与受体相互作用的体内过程。

四、计算机辅助分子对接（molecular docking by computer aided）

分子对接（molecular docking）是借助计算机技术，利用化学-结构生物学技术或AlphaFold 3平台获得受体的立体结构，以及配体-受体间的作用区域与作用位点等信息，进行动态配体-受体相互作用模拟，可用于新配体筛选和药物先导物设计的方法，具体可以模拟研究配体-受体间的相互作用特性，预测其结合模式、亲和强度和亲和力类型等。

（一）方法及原理

分子对接方法的基本原理是以分子作用力为基础，模拟配体-受体间的相互结合，并按照分子间的空间匹配性和结合能最低度原则进行评估，空间匹配性是分子间相互识别与作用的基础，结合能最低度是分子结合后保持稳定与信号传导的基础。

分子对接方法是一种虚拟的、在一定程度上反映配体-受体相互作用特性的可视化方法，常用的分子对接方法分为三类。

1. 刚性对接

刚性对接方法的计算过程中，参与对接的分子的构象不发生变化，仅改变分子的空间位置与姿态。刚性对接方法的简化程度最高，计算量相对较小，适用于处理大分子之间的对接。

2. 半柔性对接

半柔性对接方法允许对接过程中小分子构象发生一定程度的变化，但通常会固定大分子的构象，另外小分子构象的调整也可能受到一定程度的限制，如固定某些非关键部位的键长、键角等。半柔性对接方法兼顾计算量与模型的预测能力，是应用比较广泛的对接方法之一。

3. 柔性对接

柔性对接方法在对接过程中允许研究体系的构象发生自由变化，由于变量随着体系的原子数呈几何级数增长，因此柔性对接方法的计算量非常大，需要花费大量的时间来完成计算。这种方法适用于精确考察分子间识别情况。

（二）主要分子对接软件

1. Dock

Dock是应用最广泛的分子对接软件之一，由Kuntz课题组开发。Dock应用半柔性对接方法，固定小分子的键长和键角，将小分子配体拆分成若干刚性片段，根据受体表面的几何性质，将小分子的刚性片段重新组合，进行构象搜索。在能量计算方面，Dock考虑了静电相互作用、范德华力等非共价键相互作用，在进行构象搜索的过程中搜索体系势能面。最终软件以能量评分和原子接触罚分之和作为对接结果的评价依据。

2. AutoDock

AutoDock是另外一个应用广泛的分子对接程序，由Olson科研组开发。AutoDock应用半柔性对接方法，允许小分子的构象发生变化，以结合自由能作为评价对接结果的依据。从3.0版本起，AutoDock对能量的优化采用拉马克遗传算法（LGA），LGA将遗传算法与局部搜索方法相结合，以遗传算法迅速搜索势能面，用局部搜索方法对势能面进行精细的优化。

3. FlexX

FlexX是德国国家信息技术研究中心生物信息学算法和科学计算研究室开

发的分子对接软件，已经作为分子设计软件包 BioSolveIT LeadIT 的一个模块实现商业化。FlexX 使用碎片生长的方法寻找最佳构象，根据对接自由能的数值选择最佳构象。FlexX 程序对接速度快、效率高，可以用于小分子数据库的虚拟筛选。

（三）评分函数

1. Dock 评分函数内容

① Dock Score：基于能量的评分函数，主要考虑了范德华力和静电相互作用。

② Amber Score：基于力场的评分函数，主要考虑了范德华力、静电相互作用、内部能量、溶剂化能。

③ Chem Score：基于氢键、疏水相互作用、金属-配体相互作用，评估配体构象自由度对结合自由能的影响。

2. AutoDock Vina 评分函数内容

Vina Score：基于知识和经验的结合，可评估范德华力、疏水相互作用、氢键、扭转能、溶剂化效应。

3. SYBYL 评分函数内容

① C Score：综合四种函数（疏水互补、极性互补、溶剂化项、熵项）给出的总打分值。

② D Score：基于静电相互作用和范德华力对配体-受体结合模式进行初步评估。

③ Chem Score：基于氢键、金属-配体相互作用、亲脂性接触、转动熵来预测配体和受体结合的亲和力。

④ G Score：基于氢键能、配体-受体相互作用能、配体内部能量评估配体与受体的结合能。

⑤ PMF Score：计算基于受体原子对的亥姆霍兹自由能，来评估配体-受体结合情况。

4. Gold 评分函数内容

① ChemScore：基于氢键、疏水相互作用、金属-配体相互作用，考虑配体构象自由度对结合自由能的影响。

② GoldScore：基于内部及外部氢键、范德华力、配体内部能量，用于评估配体和受体的结合情况。

③ ASP（astex statistical potential）：基于统计势能，评估各种原子类型之间的距离和角度分布，以预测结合自由能。

④ ChemPLP（piecewise linear potential）：对氢键、疏水相互作用、极性

相互作用进行综合评价。

5. Schrödinger's Glide评分函数内容

G Score（Glide Score）：主要考虑静电相互作用、疏水相互作用、氢键、芳香环的π-π堆积相互作用、范德华力、分子内应变能和配体-受体位点间的各种罚分。

细胞膜
色谱法 | Cell
Membrane
Chromatography

第三章

CMC 仿生检测体系

近年来，仿生学（bionics）作为生物科学与工程技术相结合的交叉学科发展迅猛，涉及生物学、生物物理学、物理学、控制论、工程学等学科领域。仿生技术通过模仿各种生物系统所具有的功能原理和作用机制，构建实验室生物模型，实现新的技术设计并研制出更好的新型分析仪器和装备等。

配体-受体相互作用（ligand-receptor interaction，LRI）是体内细胞信号转导的关键环节，其基本过程是分子间发生非成键性化学或生物反应，进而启动特异性生物信号转导机制，引发生物效应。配体包括药物、抗体、酶、细胞因子等多种内源性或外源性物质。细胞膜色谱法将配体-受体相互作用的体内过程转化为体外的色谱过程，其优势在于膜受体保持生物活性状态与空间构象，并且能够模拟配体-受体相互作用的环境与模式。在此基础上，细胞膜色谱法的本质是靶受体保持生物活性状态下，通过离子键、范德华力、氢键和疏水相互作用等特异性相互作用与配体结合，测定不同配体的差异性色谱特征，进而直接反映配体与特定靶受体可能的结合特性与作用模式。

在仿生条件下，活性靶受体选择性识别配体并特异性相互作用，由此建立起一种能够模拟分子迁移、配体-受体识别和相互作用现象的色谱模式，检验或测试不同配体与受体间的作用特性指标，并评价其活性与强度、组成与量值，称为CMC仿生检测体系（CMC bionic testing system，CMC-BTS）。细胞膜色谱法所构建的这个仿生检测体系，以活性靶受体为识别模型，具备同步完成对被测物"活性鉴别与物性测定"的双重功能，可以对被检测物质的双重属性同时进行直接定性与定量表征。

第一节
基本概念

CMC技术利用仿生学思路，将配体-受体相互作用的体内过程转化为体外的色谱过程，并提出CMC仿生检测体系（图3-1）概念。该技术能够模仿体内配体-受体间的作用特性，包括配体迁移、结合和变构等，反映配体-受体相互识别、作用和传递等特异性功能；能够模仿体内受体激活后引发的主要生物效应，反映配体激活或拮抗特定效应的功能。

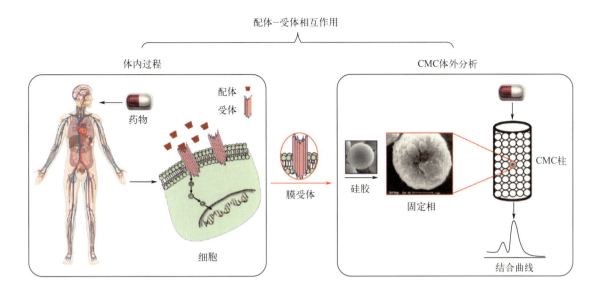

图 3-1
CMC 仿生检测体系示意图

CMC 仿生检测体系包含以下基本内容。

一、构建 CMC 模型

CMC 模型主要由 CMC-固定相、CMC-识别柱和仿生检测条件等构成。

（一）CMC-固定相

CMC-固定相（CMC-stationary phase）是一种特制的含有膜受体的细胞膜制剂，能够整体保持细胞膜上酶的活性，并能使膜受体维持其三维立体结构，也称为膜受体固定相。膜受体可源于含靶受体的组织细胞和高表达细胞系，这些材料可制备吸附型固定相；亦可采用蛋白标签技术，构建标签靶受体高表达细胞，同步制备标签基质，利用标签特异性反应定向合成，制备键合型固定相。不同膜受体固定相制备方法各有其特点和用途。

（二）CMC-识别柱

CMC-识别柱是一种填充柱，将 CMC-固定相均匀紧密地填充其中，要求有良好的柱效，阳性对照品有相应的色谱保留。根据分析要求填充适合的固定相，制备成不同的 CMC-识别柱。一般 CMC-识别柱的规格为 10 mm×2.0 mm 和 5 mm×2.0 mm。

（三）仿生检测条件

CMC是一种模拟配体-受体体内作用过程的仿生检测新方法，通常选择接近于生理环境的检测条件。如：

流动相：纯水，或pH 7.4的生理盐水或磷酸盐缓冲液；

流速：0.2～1.0 mL/min；

温度：（37±0.1）℃。

二、CMC仿生检测体系

CMC仿生检测体系是CMC-分析仪的核心单元，其硬件主要包括CMC-识别柱、色谱泵、进样器、检测器、效应器和数据采集器等，可实现对配体-受体间特异性识别、激活作用和联动效应等一系列生物过程的在线检测。

三、模拟配体-受体相互作用环节

在CMC仿生检测模式下，配体-受体相互作用与体内过程相似，配体作为第一信使特异性地被受体识别，相互作用后启动一系列生物作用与反应效应。利用CMC仿生检测体系，可以获得相关的作用参数，这些参数能够直接反映配体-受体间的识别与作用特性，包括作用特异性、作用强度、作用可逆性、立体选择性以及作用力类型等主要作用特征。

四、模拟配体生物效应环节

在CMC仿生检测模式下，配体与靶受体作用后引发的特异生物效应，通过后续的分子生物学效应和细胞生物学效应，最终产生激动或拮抗作用的药理学活性。所以，通过模拟后续生物效应关键环节，利用CMC仿生检测体系，能够进一步考察配体的效应参数，并与作用参数进行在线相关性分析，不断优化和提升CMC分析方法的有效性。

五、仿生学习模型

实现CMC仿生检测体系的专业化与智能化，需要在CMC仿生检测模式中引入深度强化学习（deep reinforcement learning）模型，该模型可通过对大量数据进行训练和分析，自主地学习数据中的规律和模式；同时，通过借助多层神经元网络进行训练和学习，该模型可实现对生物作用和生物效应等复杂检测数据的联动处理和多维分析。

第二节
生物活性检测

生命科学是研究生物体的生命现象、活动特征和发展规律，以及生物体与生物体间、与环境间和极端条件下相互关系的科学。生物体的生物活性是与生命密切相关的属性，也是最本质与最显著的特征。所以，能够同时反映被测物质生物活性与理化特性的CMC仿生检测体系，将最大限度地接近生物体自身，获得的生物活性参数将更能体现被测物质对生物体是否产生影响，以及影响的程度。

CMC仿生检测体系可以模拟配体-受体相互作用环节，在CMC靶受体模型保持生物活性的状态下，可以对配体是否具有生物活性功能进行定性和定量检测，同时对复杂体系中的配体具有特异性识别和捕获功效。

一、活性鉴别

利用CMC-分析仪，在靶受体/CMC模型中，与靶受体有特异性作用的组分将被保留，并测得有确定保留时间（t_R）的被测组分的结合曲线；在相同条件下，选用与被测组分化学结构相似的非靶受体配体作为阴性对照品，测定其保留时间（t_N）。通过CMC仿生检测体系测得的相对于阴性对照品的容量因子值，称为CMC-相对容量因子（CMC-relative capacity factor, k'_{CMC}），表示如下：

$$k'_{CMC} = \frac{t_R - t_N}{t_N} = \frac{t_R}{t_N} - 1 \qquad (3-1)$$

式中，k'_{CMC}为被测组分或药物的CMC-相对容量因子；t_R为被测组分的保留时间；t_N为阴性对照品的保留时间。

k'_{CMC}值反映了被测组分或药物相对于阴性对照品，可选择性作用于特定靶受体，可能会引发相应生物效应。

二、活性测定

利用CMC-分析仪，在特定的靶受体/CMC模型中，被测组分与标准对照品相比，有一定的保留特性，则反映被测组分有可能通过与特定靶受体的相互作用引发生物效应。通过 CMC 仿生检测体系测得的被测物的容量因子与标准对照品容量因子的比值称为 CMC- 相对活性因子（CMC-relative activity factor，A_{CMC}），表示如下：

$$A_{CMC} = \frac{k'_x}{k'_s} \quad (3-2)$$

式中，k'_x 为被测组分或药物的容量因子；k'_s 为标准对照品的容量因子；A_{CMC} 为被测组分或药物的 CMC- 相对活性因子。

A_{CMC} 值反映了被测组分或药物相对于标准对照品，对特定靶受体具有的作用活性的强弱，以及可能会引发的相应生物效应的大小。

三、识别富集

利用 2D/CMC/RL- 分析仪中的靶受体 /CMC 模型，复杂样本中的"目标组分"被特异性识别而保留，保留组分被切换进入第二维的 HPLC 系统，进行理化特性分析；如果"目标组分"的含量为微量或痕量级别，可较大量进样进行富集后再分析。所以，CMC 仿生检测体系具备从复杂体系中识别"目标组分"并进行富集、测定的功能。

第三节
配体-受体相互作用与置换

在 CMC 仿生检测体系下，配体/受体相互作用特性可以利用 CMC 测定，并通过其作用参数来表征，反映受体激活时配体-受体分子间的动态行为。这对认识受体特异性功能，了解配体"激动或拮抗"特征，以及揭示配体/受体"互动"规律有重要意义。

一、CMC 结合参数

（一）结合曲线

在 CMC 仿生检测体系中，利用不同受体 CMC- 固定相，当含配体的流动相通过时，配体因配体-受体间特异性相互作用而保留，并形成配体的结合曲线（即保留曲线、A-t 曲线，图 3-2）。

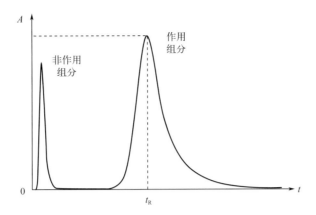

图 3-2
A-t 曲线示意图

保留曲线中，可以由非作用组分获得 CMC 仿生检测体系的死时间 t_0，配体（作用组分）的保留时间 t_R，并按式（3-3）计算配体的容量因子 k'：

$$k' = \frac{t_R - t_0}{t_0} \tag{3-3}$$

（二）突破曲线

应用前沿色谱分析方法，将含配体的流动相连续不断地通过受体 CMC-固定相，配体-受体间不断发生"结合-解离"过程，直至特定浓度下固定相逐渐饱和，从而形成一条配体流出曲线，称为突破曲线（图3-3）。突破曲线包括非特异性作用区、特异性结合区、流出区和平衡区。

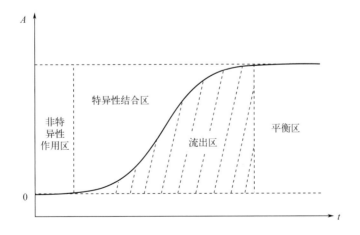

图 3-3
突破曲线示意图

（三）对称性曲线

由结合曲线可以获得配体的对称性曲线（图3-4），该曲线在一定程度上可以反映配体-受体相互作用的可逆性。

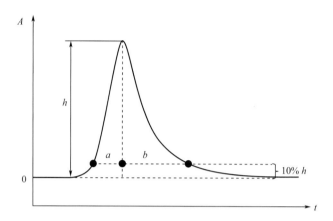

图3-4
对称性曲线示意图

可用配体的对称因子 A_S 表示配体-受体相互作用的可逆性，a 和 b 值取自于对称性曲线10%峰高（h）处的峰宽，可按式（3-4）计算：

$$A_S = \frac{b}{a} \tag{3-4}$$

（四）解离常数

根据Clark受体占领学说，当受体被所有配体占领并达到平衡时，配体-受体复合物的解离常数 K_D 为：

$$K_D = \frac{[L][R]}{[LR]} \tag{3-5}$$

式中，[L]为配体浓度；[R]为自由受体浓度；[LR]为配体-受体复合物浓度。

容量因子（k'）与解离常数间的关系为：

$$k' = \frac{q_s}{q_m} = K_D \frac{V_s}{V_m} = K_D \varphi \tag{3-6}$$

式中，V_s 和 V_m 分别表示柱内固定相和流动相所占的体积；φ 为色谱柱的相比，$\varphi = \frac{V_s}{V_m}$，色谱柱体积一定时 φ 为常数。

二、溶质计量置换

（一）离子置换曲线

在CMC仿生检测体系中，强离子能够无选择性地置换配体，获得配体的离子置换曲线（k'-C曲线，图3-5）能够反映配体与受体间的离子键强弱。一般情况下，配体的容量因子随离子浓度的增加而降低。

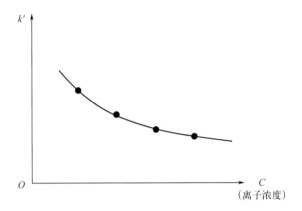

图3-5
离子置换曲线示意图

（二）竞争置换曲线

其他溶质分子作为置换剂也能够竞争性地置换原配体，产生不同配体间的竞争曲线（k'-C曲线，图3-6），该曲线能够反映不同配体与同一受体作用的差异性，包括作用区域、作用位点与作用力等。

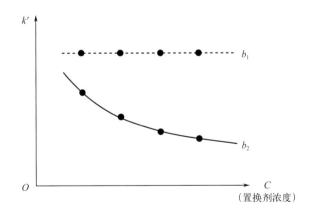

图3-6
竞争置换曲线示意图
b_1—无竞争；b_2—有竞争

（三）溶质计量置换理论

1983年，耿信笃和Regnier提出了一种传统液相色谱中溶质的"计量置换保留模型"（stoichiometric displacement model for retention, SDM-R）。这种计量置换与溶质分子和固定相之间作用力的种类无关，其溶质的色谱保留特性可以用式（3-7）表示：

$$\lg k' = \lg I - Z \lg a_D \tag{3-7}$$

式中，k'为溶质的容量因子；a_D为流动相中置换剂的浓度；$\lg I$和Z均为常数。

然而，SDM-R是一种通常的分子间纯物理相互作用体系下的色谱模型，目前还难以描述配体-受体相互作用的体内过程。

三、分子对接分析

分子对接是利用计算机模拟技术，以"能量最低"为基础，通过靶受体特征以及药物-受体间相互作用方式进行药物设计的方法，也称计算机辅助药物设计（computer-aided drug design, CADD）。分子对接可以可视化地展示配体-受体相互作用的全过程，为创新药物设计、药物作用机制解释和有效化合物筛选提供了新方法。

（一）作用域与位点

配体-受体相互作用是在生理条件下进行的一种体内过程，配体特异性地作用于受体大分子的活性区域，配体各官能团伸展到正确的位置，像"钥匙与锁"一样，启动相互作用，引发信号转导与受体变构。

（二）作用力分解

配体-受体间的作用力主要包括离子力、氢键和范德华力等非成键力，配体和受体相互作用形成配体-受体复合物。分子对接能够可视化地分解形成复合物的作用力，分析各种作用力对复合物的形成和活性产生的贡献。

第四节
CMC-作用参数测定

一、K_D值测定法

解离常数K_D是反映药物（包括各种配体）与受体结合强度的基本参数，

也是评价药物特性的必备指标。本节简要介绍CMC法测定药物K_D值的方法，主要包括：相对标准法、相对竞争法、非线性色谱法和前沿分析法。

（一）相对标准法

药物与靶受体相互作用产生药理效应，同一靶受体通常会有一类有效药物。随着临床与基础研究的深入，常会在第一代药物的基础上，研发出第二代药物并上市。所以，就同一个靶受体而言，比较一类药物或化合物的相对共性与差异性，对药物的发现和改进优化更具有可行性与可比性。

相对标准法就是选定一个对照药物，并确定其K_{Ds}值作为参比标准，测定被测药物或化合物的t_R值或k'值，用式（3-8）求得被测药物的K_{Dx}值：

$$K_{Dx} = \frac{k'_s}{k'_x} K_{Ds} \tag{3-8}$$

式中，k'_s为对照药物的容量因子；k'_x为被测药物或化合物的容量因子；K_{Ds}为对照药物的解离常数；K_{Dx}为被测药物或化合物的解离常数。

（二）相对竞争法

相对竞争法是选定一个对照药物，并确定其K_{D1}值作为参比标准，通过将分析物和对照药物同时连续流过靶受体固定相，测定系列分析物的相对K_{D2}值，这种方法避免了由CMC柱生物活性衰减而导致的K_D值误差。将浓度为$[A_1]_0$和$[A_2]_0$的对照药物A_1和分析物A_2同时连续流过靶受体固定相，如果$K_{D1} > K_{D2}$，则A_1在柱中的移动速度比A_2快，则在柱中特异性吸附的A_1随后被A_2取代，形成具有两个平台的突破曲线，分析物的K_{D2}值可由式（3-9）计算：

$$\frac{K_{D1}}{K_{D2}} = \frac{[A_1]_0 (V_2 - V_0)}{(V_2 - V_0)[A_1]_0 - (V_2 - V_1)[A_1]'_0} \tag{3-9}$$

式中，$[A_1]_0$为对照药物A_1的浓度（mol/L）；$[A_1]'_0$为在分析物A_2存在的情况下A_1到达第一平台的浓度（mol/L）；V_1为到达第一平台中点所需的洗脱体积；V_2为到达第二平台中点所需的洗脱体积；V_0为非特异性物质的洗脱体积。

（三）非线性色谱法

非线性色谱法是一种测定配体与受体相互作用动力学及热力学参数的方法。在CMC中，由于药物与膜受体在相互作用过程中发生快速结合和缓慢解离，因此形成拖尾的色谱峰，而非线性色谱法特别适用于拖尾色谱峰的分析。在非线性色谱法中，假定动力学速率是导致峰展宽和峰变形的主要因素，轴向扩散、涡旋扩散和柱外效应可以忽略不计，在这些假设下，可以用非线性色谱方程来预测配体的峰形。其中的表达式如式（3-10）所示。

$$y = \frac{a_0}{a_3}\left[1-\exp\left(-\frac{a_3}{a_2}\right)\right]\left[\frac{\sqrt{(a_1/x)}I_1\left(2\sqrt{a_1x}/a_2\right)\exp\left((-x-a_1)/a_2\right)}{1-T(a_1/a_2,x/a_2)\left[1-\exp(-a_3/a_2)\right]}\right] \quad (3\text{-}10)$$

式中，y 为归一化的吸收信号强度；x 为调整保留时间；a_0 为峰面积参数；a_1 为动力学容量因子参数；a_2 为峰展宽参数；a_3 为峰变形参数；I_1 为调整贝尔塞函数。

其中配体与受体的解离速率常数 k_d、解离常数 K_D 和结合速率常数 k_a 可计算如下：

$$k_d = 1/a_2 t_0$$

$$K_D = C_0/a_3$$

$$k_a = k_d K_A$$

（四）前沿分析法

前沿分析法是一种传统的利用色谱技术测定解离常数 K_D 值的方法，被测药物作为配体置于流动相中，连续流过靶受体固定相，利用配体与受体结合的饱和性特性，测定不同浓度被测药物的突破曲线，用式（3-11）求得被测药物的 K_D 值。

$$\frac{1}{[LR]_S} = \frac{K_D}{[L][R]_T} + \frac{1}{[R]_T} \quad (3\text{-}11)$$

式中，$[L]$ 为流动相中配体浓度；$[R]_T$ 为CMC-固定相上受体蛋白总浓度；$[LR]_S$ 为平衡时配体-受体复合物浓度。

二、计量置换法

根据溶质计量置换理论和方法，可以对配体-受体间实际的相互作用特性进行分析，包括作用力类型、作用靶点及作用可逆性等。

（一）作用力类型

采用配体与流动相介质的竞争置换方法，考察不同浓度流动相介质对配体保留的影响，从而分析其作用力对配体-受体相互作用的贡献度。如利用不同离子强度的流动相连续洗脱，能够获得配体的离子力曲线，求得配体与受体间离子力的强弱。

（二）作用区域与靶点

通过竞争置换确证潜在化合物是否和对照药物作用于受体的同一作用区域及位点；同时构建区域/点位突变型CMC模型，考察配体作用强度的差异性，以确证其作用区域/点位。

（三）作用可逆性

配体-受体相互作用的可逆性是其生物活性的分子基础，对于了解靶向药物的药理效应具有一定指导意义。利用仪器测定并分析配体结合曲线，计算不对称因子，可考察配体-受体相互作用的可逆性。

第五节
CMC-量效关系

在 CMC 仿生检测体系中，除了检测配体-受体间的相互作用外，也可同步检测激活后的生物效应。测定不同浓度配体的生物效应（E），如配体（L）的细胞磷酸化效应、Ca^{2+} 流、细胞释放量等，获得配体的效应-浓度曲线（E-lg[L] 曲线），如图3-7（a），同样也可以测定获得不同配体的效应-强度曲线（E-lgK_{Dx} 曲线），如图3-7（b），从而综合评价不同配体的药效属性和成药性等特征。

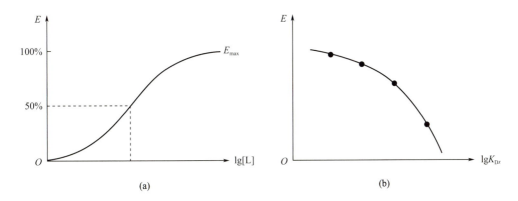

图3-7
CMC-量效关系
(a) E-lg[L]曲线；(b) E-lgK_{Dx}曲线

配体-受体相互作用引发的生物效应主要包括分子生物学效应和细胞生物学效应。

一、分子生物学效应

（一）膜受体磷酸化

表达在细胞膜上的受体是调控细胞生物学功能的门户，受体通过与配体的结合激活细胞内的信号通路，进而调控细胞的生物学活性。磷酸化就是通过磷酸转移酶在底物上添加一个磷酸基团。磷酸基团的添加或去除（去磷酸化）对许多反应起着生物"开/关"作用。膜受体磷酸化是指在细胞膜上的受体蛋白在与配体（如激素、神经递质等）结合后，其特定的氨基酸残基（如酪氨酸、丝氨酸或苏氨酸等）被磷酸基团所修饰的过程。膜受体磷酸化是细胞信号转导中的重要步骤，参与多种生物过程，如细胞增殖、分化、凋亡以及细胞间通讯等。

（二）胞内Ca^{2+}流变化

胞内Ca^{2+}浓度在细胞功能调控中起到关键作用，涉及细胞信号传导、细胞凋亡、肌肉收缩、神经传递等多种生物学过程。胞内Ca^{2+}流受到多种机制的严格调控，包括细胞膜上钙离子通道的开关、钙泵（如Ca^{2+}-ATP酶）的活性等。这些调控机制能够确保Ca^{2+}在细胞内的浓度处于适当的水平，从而维持细胞的正常功能。Ca^{2+}流的变化不仅反映了细胞对外界刺激的响应，还参与了细胞内部多种生理活动的调控。正常的Ca^{2+}流变化对于维持细胞的正常功能至关重要，而异常的Ca^{2+}流变化则可能导致细胞功能障碍和疾病的发生。

（三）信号蛋白活化

信号蛋白活化是指信号蛋白在接收到外界刺激后，通过磷酸化、构象变化、与其他蛋白质相互作用等一系列生物化学变化，从非活性或低活性状态转变为活性状态，从而参与并影响细胞内的信号转导过程。通过活化特定的信号蛋白，细胞能够对外界刺激做出快速而准确的响应，从而调节细胞生长、分化、代谢和凋亡等生理过程。此外，许多疾病的发生和发展过程中涉及信号蛋白活化，因此研究信号蛋白活化机制对于深入理解疾病的发生机制和治疗具有重要意义。

二、细胞生物学效应

（一）细胞介质释放

炎症介质是在急性炎症反应过程中发挥重大作用的一类物质，是引起血管扩张、通透性升高和白细胞渗出等炎症发生机制的重要因素。有些致炎因子可直接损伤内皮，引起血管通透性升高；还有些通过内源性化学因子的作用而引发炎症反应。细胞释放的炎症介质有很多种，其中最重要的是血管活性胺、白三烯、粒细胞趋化因子、细胞因子、补体等。所有介质均处于灵敏的调控和平衡体系中。在细胞内处于严密隔离状态的介质，或在血浆和组织内处于前体状态的介质，都必须经过一系列复杂步骤才能被激活；介质一旦被激活和释放，将迅速被灭活或破坏。

（二）细胞膜融合

细胞膜融合是指两个脂质双分子层相互接近然后合并形成单个连续结构的事件，对生命本身的功能至关重要。膜融合在受精、胚胎发育甚至各种细菌和病毒感染等事件中起关键作用。此外，膜融合还与细胞的内吞和外排、细胞内的物质运输等过程密切相关。膜融合在细胞的生命活动中经常发生，但是生物膜几乎没有自发融合的倾向。因此，生物体中膜的融合过程必然是受某种因素控制的。目前已经知道有许多因子可以诱导膜融合，如Ca^{2+}、渗透压、酸、聚乙二醇、质子泵和电等。

（三）细胞骨架重塑

细胞骨架是指真核细胞中的蛋白质纤维网络结构，是保持细胞基本形态的重要结构，该结构被形象地称为细胞骨架。其不仅在维持细胞形态、承受外力、保持细胞内部结构的有序性方面起重要作用，而且还参与许多重要的生命活动，如：在细胞分裂中细胞骨架牵引染色体分离；在细胞物质运输中，各类小泡和细胞器可沿着细胞骨架定向转运；在肌肉细胞中，细胞骨架和它的结合蛋白组成动力系统；白细胞的迁移、精子的游动、神经细胞轴突和树突的伸展等都与细胞骨架有关；另外，在植物细胞中细胞骨架指导细胞壁的合成。当配体和受体结合后，会激活细胞内一系列信号转导通路，信号通路的激活可能会影响细胞骨架相关蛋白质，从而引发细胞骨架重塑。

细胞膜色谱法 | Cell Membrane Chromatography

第四章
CMC-固定相

膜受体是特异性响应信号分子（配体或药物）的一类特殊蛋白质，主要"镶嵌"在细胞膜上，其量极微，而且绝大多数难以纯化，因为提纯膜受体可能会在很大程度上改变其原有的周围环境和立体结构，难以再真实地反映药物与膜及膜受体间相互作用的情形。所以，在蛋白标签技术出现之前，纯化受体大分子是一项难以推广应用的研究工作，并且无法制备纯受体的亲和固定相。

20世纪90年代初提出的细胞膜色谱法（cell membrane chromatography，CMC），利用膜制备方法获得含药物受体的细胞膜，然后利用硅胶载体表面活性剂与生物膜和膜蛋白间的不可逆吸附作用，以及细胞膜自身的融合作用，形成一种细胞膜相对均匀覆盖于载体上的固定相，称之为细胞膜色谱固定相（CMC-stationary phase，CMC-SP）。CMC-SP是一种"将靶蛋白结合于载体上"的细胞膜制剂，保持了细胞膜的基本特性，对配体具有特异性识别和选择性结合等功能，是一种仿生的新型液相色谱填料。CMC-SP一定程度上克服了纯膜受体固定相制备的难题，开启了"药物-受体"色谱方法研究的新思路、新途径。

CMC-SP分为两大类，第一类称为CMC-吸附型固定相（CMC-adsorption stationary phase，CMC-ASP），早期的CMC-SP基本都是这一类固定相。之后，随着生物学与生物工程的发展，尤其是细胞生物学和基因克隆技术的进步，实现了第二类——CMC-键合型固定相（CMC-bonded stationary phase，CMC-BSP）的常规化制备。利用蛋白标签技术，构建高表达目标受体的重组细胞，同时合成标签载体，通过标签间的特异性键合反应，实现高表达目标受体与标签载体的合成，形成高纯度的目标受体-载体复合物，称之为细胞膜色谱键合型固定相（CMC-BSP），目前CMC-BSP已是CMC-SP的主要类型。

第一节
吸附型固定相

CMC-吸附型固定相（CMC-adsorption stationary phase，CMC-ASP）是利用活性硅胶表面硅羟基的不可逆吸附作用和细胞膜自身的融合作用，将细胞膜固定在硅胶表面制成的固定相。细胞膜制剂通常由各种组织来源的原代细胞、人工构建的细胞系以及膜受体高表达细胞系等制备，这类固定相制备方便，更能保持靶受体的原状态和活性，在实际筛选分析研究中被广泛应用。

本节就CMC-ASP制备过程中涉及的硅胶载体、膜制剂、ASP特性及表征等进行简单介绍。

一、硅胶载体的特性

用膜制备方法获得的细胞膜为悬液状态，不能直接用作色谱固定相，需要将其结合到具有一定刚性的载体上。实验中可以使用硅胶载体或软基质载体（如纤维素、葡聚糖等），一般硅胶载体规格为 5 μm。

（一）硅胶表面特性

硅胶（$SiO_2 \cdot xH_2O$）是具有多孔性的硅氧（—Si—O—Si—）交联结构，表面具有硅羟基（—Si—OH）的多孔微粒，硅羟基是硅胶具有较强吸附作用的活性基因。

（二）细胞膜在硅胶上的吸附等温线

细胞膜在硅胶载体表面的最大吸附量是制备 CMC-SP 的重要参数，将直接影响 CMC-SP 的性能和药物在其上的色谱行为，因此应首先确定最大吸附量。实验结果表明，细胞膜浓度以膜蛋白含量表示，细胞膜在裸露的活性硅胶上的吸附等温线服从朗缪尔（Langmuir）方程：

$$C_S = P(Q_{max}C_m)/(K_D + C_m) \tag{4-1}$$

式中，C_S 为膜蛋白的固相浓度，mg/g；由细胞膜悬液的初始浓度（C_0）和吸附反应平衡时的液相浓度（C_m）经差减法计算得到的 C_m 为膜蛋白的液相浓度，mg/mL；Q_{max} 为硅胶载体的饱和吸附量；K_D 为吸附平衡常数。将式（4-1）整理后可得：

$$C_m/C_S = C_m/Q_{max} + K_D/Q_{max} \tag{4-2}$$

根据式（4-2），用 C_m/C_S 对 C_m 作图，可以求得以膜蛋白含量计的细胞膜在活性硅胶上的饱和吸附量。

所以，在制备 CMC-SP 时，可根据细胞膜在硅胶上的吸附等温线选择细胞膜悬液的初始浓度（C_0），作为制备 CMC-SP 对细胞膜悬液的限制浓度，用于控制 CMC-SP 上膜蛋白的含量，在保证所制备的 CMC-SP 有固定量的细胞膜的同时，使 CMC-SP 色谱柱具有较好的重现性和稳定性。

二、细胞膜的制备

（一）兔红细胞膜

家兔禁食 24 h，自颈动脉取血约 50 mL，置于等体积 0.1% 肝素生理盐水中，低温（4℃）680g 离心 10 min，吸去上清液，将下层血细胞与等体积生理盐水混合，再次离心（680g）10 min，小心吸去生理盐水及白细胞，下层红细胞再与等体积生理盐水混合，如此重复操作数次。将红细胞悬于约 4 倍体积的低渗缓冲液（10 mmol/L Tris-HCl，2 mmol/L DDT，5 mmol/L KCl，1 mmol/L $MgSO_4$，pH=7.5）中，低温搅拌使红细胞破裂，低温离心（20000g）10 min；重复低渗液洗涤离心步骤直至得到无色的红细胞膜悬液。测定红细胞膜的 Na^+/K^+-ATP 酶活性，用劳里（Lowry）法测定膜蛋白含量为 408 mg/mL。兔红细胞膜纯度用电镜鉴定。制得的细胞膜提取物于 −34℃ 保存备用。

（二）兔心肌细胞膜

将家兔棒击处死，迅速取出心脏，放入冷的 Tris-HCl 缓冲液（pH 7.4）中。称取 4 g 左右心室肌，洗净血液，剪碎，加入 10 倍体积的 10 mmol/L Tris-HCl 缓冲液（含有 1 mmol/L EDTA, pH 7.4），冰浴下匀浆 1 min。过滤匀浆液，经 1000g 离心 10 min。沉淀用 100 mL Tris-HCl 缓冲液混悬并搅拌 30 min，1000g 离心 10 min。重复洗涤、离心步骤 2~3 次。沉淀进一步用 10 mmol/L Tris-HCl 缓冲液和 2 mol/L LiBr 提取 45 min，1000g 离心 10 min。重复缓冲溶液洗涤离心步骤直至得到无色均匀的心肌细胞膜悬液。测定心肌细胞膜的 Na^+/K^+-ATP 酶活性，Lowry 法测定膜蛋白的含量为 3.65 mg/mL。膜的纯度用电镜鉴定。整个过程均在 4℃ 下进行。

（三）大鼠大脑细胞膜

将成年 Wistar 大鼠（250~300 g）断颈处死，迅速取出大脑，剥出脑皮质层，将其加到 10 倍体积冰冷的 0.32 mol/L 蔗糖溶液中，置于玻璃匀浆器中轻轻研磨，然后再用 Polytron 匀浆仪（5 档，10 s）匀浆，4℃ 下 1000g 离心 10 min，取上清液，40000g 离心 20 min。沉淀物用冰冷的 50 mmol/L Tris-HCl 缓冲液洗涤三次，得到无色的大脑细胞膜悬液。测定所得大脑细胞膜 Na^+/K^+-ATP 酶活性，Lowry 法测定膜蛋白含量为 6.34 mg/mL。最后将膜提取物贮存在液氮（−196℃）或 −30℃ 冰箱中保存备用。

三、CMC-ASP 的制备

不同组织细胞膜固定相制备的技术路线如图 4-1 所示。

取经 120℃ 表面活化处理 7 h 的硅胶，置于一低温（4℃）反应管中，在低压振荡条件下，加入细胞膜悬液至吸附反应达到平衡，超声研磨 10 min。向

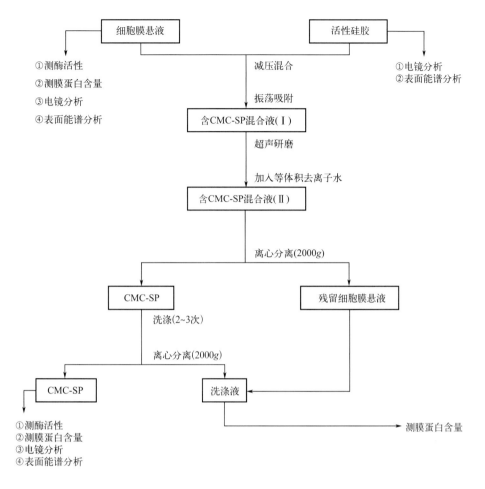

图 4-1
CMC-ASP 制备路线示意图

反应管中补加等体积的去离子水，使脂质双分子层进行自身相互作用，直至在硅胶表面形成均匀的细胞膜层。离心除去上清液，CMC-SP 用 Tris-HCl 缓冲溶液洗涤，除去未结合的细胞膜，得到各种不同组织细胞膜的固定相，测定 CMC-SP 的膜蛋白含量和总 ATP 酶活性，进行电镜分析和表面能谱分析，并于 4℃贮存备用。

用低压湿法将 CMC-SP 装入不锈钢色谱柱（50 mm×2 mm I.D. 或 200 mm×2 mm I.D.）中，在流速为 0.3 ~ 0.5 mL/min，检测波长为 236 nm，柱温为 37℃的条件下，用流动相 [流动相Ⅰ：50 mmol/L 磷酸盐缓冲溶液（pH = 7.4）或流动相Ⅱ：50 mmol/L Tris-HCl 缓冲液（pH = 7.4）其中含有 150 mmol/L NaCl 和 1 mmol/L $CaCl_2$] 平衡约 2 h 后，开始进样分析。

四、ASP特性

在水溶液中，通常认为硅胶载体表面硅羟基（—Si—OH）和硅氧桥（—Si—O—Si—）等活性基团对生物大分子极强的吸附作用是不可逆的。硅胶表面的活性基团与膜蛋白和脂类分子中的极性基因作用，使细胞膜牢固地吸附（固定）在硅胶的表面。此外，细胞膜具有脂质双分子层结构的特性，脂质分子极性头间的离子相互作用、膜内部烷基链间的疏水相互作用，使吸附在硅胶表面的细胞膜碎片彼此靠近而融合，并自动形成闭合结构，结果使硅胶表面完全被细胞膜覆盖。而通常使用的化学键合方法则由于空间效应，无法实现对硅胶表面硅羟基的完全覆盖。

（一）表面特征

为了证实上述观点，研究人员用电子显微镜技术和表面能谱分析技术对兔红CMC-ASP表面进行了测试。图4-2（a）为用电子显微镜放大6000倍后观察到的硅胶载体，图4-2（b）为硅胶CMC-ASP电子显微镜图像。由图可见，硅胶CMC-ASP中细胞膜已完全覆盖在硅胶表面并与硅胶连为一体，与纯硅胶载体明显不同。图4-2（c）是在电子显微镜下放大1500倍后观察到的硅胶CMC-ASP电子显微镜图像，可以看出，硅胶载体表面被细胞膜有效地覆盖后，由于单一CMC-ASP颗粒表面细胞膜间相互作用，使多个CMC-ASP呈堆积状。图4-3为硅胶载体［图4-3（a）］与硅胶CMC-ASP［图4-3（b）］的全表面能谱分析图。从图4-3（a）可以看出，在0.52 kV处有氧（O）的能谱峰，1.74 kV处有较强的硅（Si）能谱峰；从图4-3（b）可以看出，在0.27 kV处增加了碳（C）的能谱峰，0.52 kV处氧（O）的能谱峰强度有所增加，而1.74 kV处的硅（Si）峰几乎消失，在2.05 kV处的铂（Pt）能谱峰为生物样品制片时喷涂的铂金。这进一步证实了在上述条件下制备的CMC-ASP，其表面完全被细胞膜覆盖，CMC-ASP将表现出细胞膜的特性。

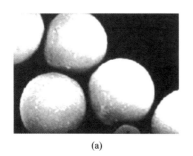
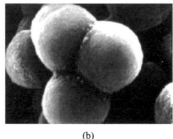
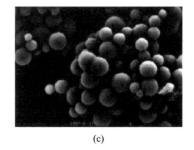

(a)　　　　　　　　　(b)　　　　　　　　　(c)

图4-2
硅胶载体和CMC-ASP的扫描电镜图像
(a) 纯硅胶载体（放大6000倍）；(b) CMC-ASP（放大6000倍）；(c) CMC-ASP（放大1500倍）

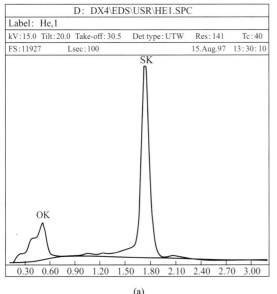 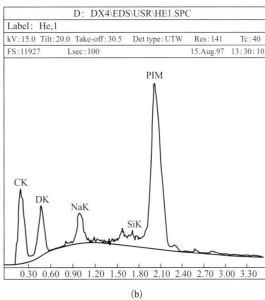

图 4-3
硅胶载体和 CMC-ASP 全表面能谱分析图
(a) 纯硅胶载体；(b) CMC-ASP

（二）膜蛋白含量

1. 测定原理

细胞膜蛋白质的含量用 Lowry 法测定，用牛血清白蛋白做标准曲线，呈色复合物的生成是由所用的碱性酮-酚试剂与蛋白质的酪氨酸和色氨酸残基发生反应所致。

2. 测定方法

（1）主要试剂

2% 碳酸钠：将碳酸钠溶于 0.1 mol/L 氢氧化钠。

1% 无水硫酸铜：将硫酸铜溶于 1% 酒石酸钾。

铜试剂：临用时配制，取 100 mL 2% 碳酸钠溶液，加 2 mL 1% 无水硫酸铜，混匀。

（2）组织样品蛋白质含量测定

将组织样品用 0.1 mol/L NaOH 或蒸馏水稀释 100 倍，或取 10 μL 组织样品加入 1 mL 0.1 mol/L NaOH 或蒸馏水，空白管用 1 mL 0.1 mol/L NaOH 或蒸馏水代替组织样品，所有各管均加 4 mL 铜试剂，充分混合，放置 10 min，加 0.5 mL 1 mol/L Folin 试剂（铜试剂），立即混匀，室温放置 30 min 或 50℃ 水浴中放置 10 min。利用分光光度计于波长 680 nm 处测定吸光度，以空白管调零点，待测样品蛋白质浓度根据标准曲线换算。

(3) 牛血清白蛋白标准曲线

配制牛血清白蛋白工作母液（500 μg/mL），溶于0.1 mol/L NaOH中，各取 0 mL、0.1 mL、0.2 mL、0.3 mL 及 0.4 mL 上述工作液（相当每 1 mL 溶液含蛋白质 0 μg、50 μg、100 μg、150 μg 及 200 μg），补充 0.1 mol/L NaOH 至 1 mL。以下操作步骤同上述组织蛋白测定方法，以吸光度对牛血清白蛋白浓度（μg）作图，得到标准曲线。

（三）酶活性

钠钾腺苷三磷酸酶（Na^+/K^+-ATP酶）和镁腺苷三磷酸酶（Mg^{2+}-ATP酶）广泛存在于动物的细胞膜上。它们能够分解腺苷三磷酸（ATP），释放能量，供 Na^+、K^+ 和 Mg^{2+} 主动转运，对机体具有重要的生理功能。

1. 基本原理

在含 Na^+、K^+ 和 Mg^{2+} 的缓冲液中，加入ATP和酶制剂（细胞膜悬液或CMC-ASP）。在37℃下温育10 min后，ATP被酶分解成ADP（腺苷二磷酸）和无机磷（Pi）。以每毫克蛋白质每小时新产生的Pi量作为酶的活性单位，即 $\mu mol/(L \cdot mg \cdot h)$。所得结果为总ATP酶活性，酶活性愈高证明细胞膜的纯度愈高。

2. 测定方法

(1) 测定酶活性的试剂

40 mmol/L ATP：称取 22 mg Na_2ATP，用 1 mL 水溶解。新鲜配制。

250 mmol/L Tris-HCl缓冲液：配制 250 mmol/L Tris、5 mmol/L EDTA，混合后，用浓HCl调pH至7.5（37℃）。

NaCl溶液、KCl溶液和$MgCl_2$溶液：分别配制 1000 mmol/L NaCl溶液、150 mmol/L KCl溶液和 50 mmol/L $MgCl_2$ 溶液。

15%三氯醋酸（TCA）：称取 15 g 三氯醋酸，溶解后加蒸馏水至 100 mL。

标准磷溶液：称取 27.2 mg 恒重无水 KH_2PO_4，加双蒸水溶解，配制成 100 mL 2 mmol/L 的标准磷母液，然后再以1:10的比例稀释成 0.2 mmol/L。

显色液：称 1 g 钼酸铵溶于约 85 mL 水中，加 3.3 mL 浓硫酸。混合后，加 4 g 硫酸亚铁。溶解后加水至 100 mL。临用前配制。

(2) 操作步骤

取Tris-HCl缓冲液 0.2 mL，NaCl、$MgCl_2$ 和 KCl 溶液各 0.1 mL，细胞膜悬液 0.1 mL 或 CMC-ASP 0.1 g，H_2O 适量，使最终测定时反应液总体积为 1 mL。反应液内含有 50 mmol/L Tris-HCl，pH 7.4～7.6，4 mmol/L $MgCl_2$，100 mmol/L NaCl 和 10 mmol/L KCl。反应液于37℃水浴中预热 10 min，加入ATP（最终浓度为 4 mmol/L），开始记反应时间，10 min 后加入 15% 冷的三氯

醋酸 1 mL，至冰浴上放置 10 min 以停止反应。反应液经离心处理，取上清液 1 mL 测定无机磷（Pi）含量。

（3）磷（Pi）含量的测定

用 0.2 mmol/L KH_2PO_4 标准溶液制备磷标准曲线。分别取标准磷溶液 0 mL、0.5 mL、1.0 mL、1.5 mL、2.0 mL 于 10 mL 反应管中，分别加去离子水 2.0 mL、1.5 mL、1.0 mL、0.5 mL、0 mL，各加显色液 2.0 mL。同法取样品液（上清液）1 mL，加水 1 mL 和显色液 2 mL，混匀。以去离子水为空白，在 700 nm 处测定各溶液的吸光度，绘制磷标准曲线并计算样品中磷（Pi）的含量。

（四）稳定性

利用 CMC-ASP 的酶活性评价其稳定性，一般 CMC-ASP 的稳定性与通常的细胞膜制剂相似，保留了细胞膜的基本特性。

1. 三种兔红细胞膜酶活性随温度和时间的变化规律

取兔红细胞膜悬液，等体积分为三份，第一份作为悬浮状细胞膜，第二份离心分离后取沉淀用作沉淀状态细胞膜，第三份制成硅胶 CMC-ASP。同时将这三种状态的细胞膜贮存在 -28℃、-10℃、4℃及 25℃的条件下，分别在放置 0 h、12 h、36 h、60 h、80 h 和 108 h 后取出，测定三种状态细胞膜的总 ATP 酶活性，计算其稳定性，结果列于表 4-1 ~ 表 4-4 中。从表 4-4 看出，虽然三种不同状态细胞膜的酶活性在不同贮存温度下随时间改变的幅度存在差异，但是，硅胶 CMC-ASP 与其他两种细胞膜一样，具有可比较的酶活性变化特征，并在一定的时间范围内稳定。

表 4-1　悬浮状态兔红细胞膜酶活性随时间变化结果

温度 /℃	酶活性 / [μmol/(L·mg·h)]					
	0 h	12 h	36 h	60 h	80 h	108 h
-28	1.650	1.566	1.334	1.069	0.874	0.690
-10	1.650	1.572	1.936	1.667	0.437	0.281
4	1.650	1.433	0.735	0.464	0.307	0.239
25	1.650	0.707	0.352	0.260	0.200	0.175

表 4-2　沉淀状态兔红细胞膜酶活性随时间变化结果

温度 /℃	酶活性 / [μmol/(L·mg·h)]					
	0 h	12 h	36 h	60 h	80 h	108 h
-28	1.650	1.613	1.543	1.475	1.421	1.389

温度/℃	酶活性/[μmol/(L·mg·h)]					
	0 h	12 h	36 h	60 h	80 h	108 h
-10	1.650	1.486	1.206	0.978	0.822	0.645
4	1.650	1.428	1.070	0.802	0.631	0.451
25	1.650	1.395	0.998	0.713	0.539	0.365

表4-3　兔红细胞膜色谱固定相酶活性随时间变化结果

温度/℃	酶活性/[μmol/(L·mg·h)]					
	0 h	12 h	36 h	60 h	80 h	108 h
-28	1.245	1.155	0.9928	0.854	0.753	0.63
-10	1.245	1.075	0.801	0.597	0.469	0.332
4	1.245	1.016	0.667	0.451	0.322	0.200
25	1.425	0.974	0.597	0.366	0.243	0.137

表4-4　三种不同状态细胞膜的稳定性

膜制剂	$\tau_{0.9}$[①]/h			
	-28℃	-10℃	4℃	25℃
悬液状态细胞膜	10.16	7.16	5.63	4.09
沉淀状态细胞膜	39.83	18.57	10.98	5.48
硅胶 CMC-ASP	15.04	9.52	6.95	4.58

① $\tau_{0.9}$ 表示酶活性降低10%所需要的时间。

2. 兔细胞膜总ATP酶活性随时间变化规律

活性细胞膜与硅胶的吸附反应为物理变化过程，对细胞膜而言，只是其赋存状态的改变，不会失去原有的酶活性。所以，CMC-ASP和通常的细胞膜制剂一样，仍具有酶活性。实验中，将兔心肌细胞膜悬液等体积分为两份，分别作为悬液细胞膜和制备成硅胶CMC-ASP。测定总ATP酶活性后，同时置于4℃下贮存，测定两种细胞膜的酶活性随时间变化的规律，并与兔红细胞膜进行比较。结果如图4-4所示，两种CMC-ASP与相应的细胞膜悬液一样，仍然保持其酶活性特征，均可以作为一种新的细胞膜制剂使用。

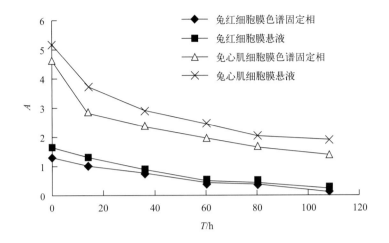

图 4-4
兔细胞膜总 ATP 酶活性随时间变化规律
A 为酶活性单位，表示每 mg 蛋白质每小时新生产的无机磷量，单位为 μmol/(L·mg·h)

硅胶载体与细胞膜结合，所形成的 CMC-SP 是否具备一般膜制剂的性质，是研究 CMC-SP 的关键。实验中，对兔红细胞膜和心肌细胞膜与硅胶载体结合前后不同赋存状态时的总 ATP 酶活性随时间变化规律进行了测定。CMC-SP 与通常的细胞膜悬液一样，的确具有酶活性，而且在一定的时间范围内保持这种活性，其随时间的变化规律也基本相同，表明在硅胶表面上覆盖的细胞膜与悬浮状态的细胞膜具有可比较的酶活性特征。

3. CMC-ASP 柱的使用周期

研究人员对 CMC-ASP 柱在使用过程中细胞膜的稳定性进行了考察。实验使用 8 根兔红细胞膜色谱柱，在装柱前分别测定了固定相的膜蛋白含量，结果每克固定相上膜蛋白的含量为（20.43±2.55）mg/g（$n = 8$）。使用一周后，打出红细胞膜色谱固定相填料，顺序等分为前和后两部分，分别测定各部分的膜蛋白含量。色谱柱中前半部分固定相上膜蛋白平均含量为（19.27±2.88）mg/g，后半部分固定相上膜蛋白平均含量为（20.20±0.68）mg/g。这一结果表明：色谱柱中的细胞膜色谱固定相在使用前后，膜蛋白的总量没有改变；经使用过程中流动相的冲洗，固定相上的细胞膜仍均匀分布，没有脱落并被冲到柱子的另一端。所以用涂渍法制备的 CMC-ASP 柱在使用过程中，其上的细胞膜稳定，不易流失。另外，考虑到 CMC-ASP 是一种具有酶活性的生物色谱填料，其酶活性随时间降低，在目前条件下 CMC-ASP 柱的使用寿命为一周左右。

第二节
键合型固定相

随着生物学和生物工程的发展，人们可采用蛋白标签技术，构建标签靶受体细胞与标签硅胶载体，利用标签技术的特异性进行键合反应来制备固定相，这种固定相被称为 CMC-键合型固定相（CMC-bonded stationary phase，CMC-BSP）。这类固定相将细胞生物学技术与"特异性"化学反应技术有机结合，实现了靶受体 CMC-固定相在常规条件下的工程化制备，避免了固定相制备过程中靶受体大分子的"变构与失活"，极大地提高了 CMC-固定相的活性水平、稳定性和使用寿命。

一、蛋白标签技术

蛋白标签（protein tag）技术在蛋白质纯化领域应用十分广泛，蛋白标签来源多样，例如蛋白质结构域、短肽与靶蛋白 N-端（或 C-端）酶等都可作为蛋白纯化标签。通常，融合标签靶蛋白是一种经过工程改造的酶，能与底物发生共价键合反应。在靶受体 CMC-固定相制备过程中，首先构建融合标签靶受体，再制备标签硅胶载体，利用标签间的特异性化学键合反应，完成 CMC-键合型固定相的制备，现将常用的几种标签介绍如下。

（一）SNAP-tag

SNAP-tag 技术是基于人 O^6-烷基鸟嘌呤-DNA-烷基转移酶（O^6-alkylguanine-DNA-alkyltransferase，hAGT）这一 DNA 修复酶，将突变的六烷基鸟嘌呤 DNA 的烷基转移到它的半胱氨酸残基中，以释放鸟嘌呤。利用这一不可逆过程，基于 hAGT 的 SNAP-tag 标签蛋白（23 kDa）能特异性识别并与苄基鸟嘌呤（BG）反应，BG 是一种带标记的鸟嘌呤。在共价标记过程中，SNAP-tag 的催化半胱氨酸与 BG 的标记基团组形成了稳定的结合，这种反应是高度特异性的。这一技术可以使用任何一个表达宿主，以及一系列标记底物，可以在细胞表面和细胞内的几乎任何地方贴上标签。

（二）Halo-tag

Halo-tag 标签蛋白（33 kDa）是一种细菌脱卤酶的突变体，这种酶通过亲核的天冬氨酸残基来去除脂肪族烃分子中的卤素。野生型的酶能够再生其催化部位以促进进一步的脱卤作用，基因工程 Halo-tag 蛋白则允许它与底物形成不可逆转的共价键。这种类型的连接可以使蛋白质与所选择的任何标记的氯烷烃配体形成稳定的结合，对下游的应用很有用。

（三）His-tag

组氨酸标签（His-tag）最小由6个连续的组氨酸组成，分子质量为0.84 kDa，其较短的序列极大降低了对靶蛋白表达和折叠的影响。利用His-tag与乙烯基砜（VS）基团的特异性键合反应，可以在非常温和的反应条件下，实现靶受体与硅胶载体的共价键合，是一种较为理想的CMC-键合型固定相。

二、标签靶蛋白细胞的构建

重组蛋白技术的出现对蛋白质改造与构建工程具有革命性意义。目前体外重组蛋白表达系统主要有两种，原核表达系统与真核表达系统。原核表达系统以大肠杆菌表达系统为主，是应用较为广泛的表达系统；真核表达系统分为哺乳动物细胞表达系统、酵母表达系统和昆虫表达系统。这两大表达系统各有其优缺点，应根据实际需求具体选择。

构建标签靶蛋白细胞时，需要确定靶受体蛋白的基因序列，设计合成目标DNA，根据靶受体的特性和活性结合域，在非筛选区域连接SNAP-tag、Halo-tag或His-tag，并获得模板DNA，经过模板DNA扩增，与质粒载体连接，构建成标签靶受体质粒，并构建慢病毒过表达载体，感染HEK293T细胞。靶受体的表达量达到要求后，筛选阳性细胞进行培养，获得稳定过表达的细胞株。

（一）膜蛋白细胞的构建

细胞上的跨膜蛋白包括功能受体、离子通道和转运体等，在产生细胞效应的过程中发挥着重要的作用，是药物发现和作用机制研究的关键靶标，也是CMC方法的应用领域。下面将以几个膜受体蛋白细胞的构建为例作一简要介绍。

1. MrgX2-SNAP-tag细胞构建

（1）MrgX2

肥大细胞上MAS相关G蛋白偶联受体X2（MAS-related G protein-coupled receptor X2，MrgX2）是G蛋白偶联受体超家族成员，也是瘙痒和相关肥大细胞介导的超敏反应的关键生理病理介质受体，MrgX2是目前抗类过敏反应药物发现的全新靶标。MrgX2为七次跨膜蛋白，其配体结合区域位于胞外，将标签蛋白（如SNAP-tag）定位于胞内段（N-端），SNAP-tag与苯甲基鸟嘌呤反应后，可固定于硅胶载体表面，利用MrgX2朝外侧的配体结合域识别活性组分、化合物或生物大分子。

（2）MrgX2-SNAP-HEK293T稳定株

构建高表达MrgX2-SNAP-tag的细胞，获取目的基因序列[美国国家生物技术信息中心（NCBI）或其他途径]，构建MrgX2-SNAP高表达慢病毒感染HEK293T细胞，获得MrgX2-SNAP-HEK293T稳定株，主要步骤包括：载体构建，慢病毒过表达载体构建，慢病毒包装及qPCR法测定滴度。

（3）MrgX2-SNAP-tag细胞检测

通过qPCR和WB验证MrgX2在MrgX2-SNAP-tag细胞上的表达，结果见表4-5和图4-5。qPCR结果显示，MrgX2在MrgX2-SNAP-tag细胞中的表达水平显著高于NC-HEK293对照组（表4-5）。MrgX2-SNAP-tag和NC-HEK293的WB蛋白条带如图4-5（a）所示，MrgX2-SNAP-tag显示出明显的MrgX2蛋白条带。经过灰度值统计分析，结果如图4-5（b）所示，MrgX2-SNAP-tag细胞的蛋白质表达（MrgX2/GAPDH）显著高于NC-HEK293细胞（$P<0.001$）。以上结果表明，MrgX2-SNAP-tag细胞中MrgX2在RNA水平和蛋白质水平均高表达，即MrgX2-SNAP-tag细胞构建成功。

表4-5　MrgX2的qPCR检测结果

细胞名称	ΔCT	ΔΔCT	表达效率 ($2^{-\Delta\Delta CT}$)/%
MrgX2-SNAP-tag	0.11	-20.56	1542142.80
NC-HEK293	20.67	0	100

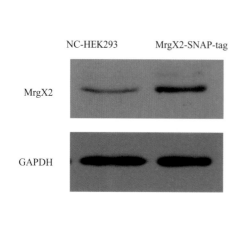

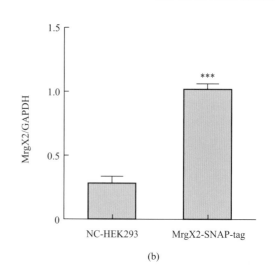

(a)　　　　　　　　　　　　　　(b)

图4-5
NC-HEK293细胞和MrgX2-SNAP-tag细胞中MrgX2蛋白表达验证结果
(a) WB实验得到的蛋白条带图；(b) 蛋白条带的半定量结果（$n=3$；***$P<0.001$）

2. $Ca_V1.2\ \alpha_1$-SNAP-tag 细胞构建

（1）$Ca_V1.2\ \alpha_1$离子通道亚基

离子通道受体（ion channel linked receptor）既作为受体本身接收信号，又作为离子通道跨膜运输特定离子，同时拥有受体和离子通道的功能。离子通道均为多聚体，且普遍分子量较大，因此离子通道受体高表达细胞的构建具有一定挑战。

$Ca_V1.2$是主要的L型钙通道，主要分布于血管及心脏平滑肌细胞，调控心脑血管收缩，同时也在其他细胞如肥大细胞中有表达。$Ca_V1.2$由五种不同通道亚基（α_1、α_2、β、γ、δ）组成，其中α_1亚基是中央成孔通道单元，是$Ca_V1.2$的关键调节亚基，调节$Ca_V1.2$的大部分生物活性和药理活性，二氢吡啶类$Ca_V1.2$拮抗剂结合部位均位于其α_1亚基。

（2）$Ca_V1.2\ \alpha_1$-SNAP-HEK293T稳定株

由于$Ca_V1.2$分子量大，亚基众多，构建$Ca_V1.2$高表达细胞的效率较低。可采取关键亚基高表达策略，选择关键亚基单位α_1为表达对象，构建$Ca_V1.2\ \alpha_1$蛋白高表达细胞。

（3）$Ca_V1.2\ \alpha_1$-SNAP-tag细胞检测

通过WB验证$Ca_V1.2$在$Ca_V1.2$-SNAP-tag细胞上的表达，结果见图4-6。$Ca_V1.2$-SNAP-tag和NC-HEK293的WB蛋白条带如图4-6（a）所示，$Ca_V1.2$-SNAP-tag细胞显示出明显的$Ca_V1.2$蛋白条带。经过灰度值统计分析，结果如图4-6（b）所示，$Ca_V1.2$-SNAP-tag细胞中$Ca_V1.2$蛋白的相对表达显著高于NC-HEK293细胞（$P<0.001$）。上述结果表明，$Ca_V1.2$蛋白在构建的细胞中高表达，即$Ca_V1.2$-SNAP-tag细胞构建成功。

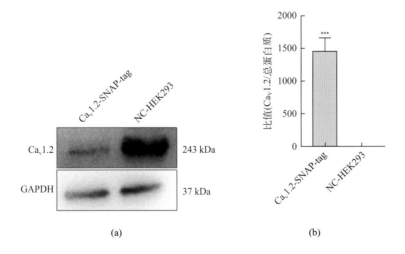

图4-6
NC-HEK293细胞和$Ca_V1.2$-SNAP-tag细胞中MrgX2蛋白表达验证结果
(a) WB实验得到的蛋白条带图；(b) 蛋白条带的半定量结果（$n=3$；***$P<0.001$）

3. 新冠病毒 S^h-SNAP-tag 细胞构建

2019年12月暴发的严重急性呼吸综合征冠状病毒2（SARS-CoV-2，国际病毒分类委员会命名）感染，对全球的公共卫生安全构成严峻考验和重大挑战。贺浪冲教授实验室当即开展了针对SARS-CoV-2的检测方法和治疗药物研究，利用CMC技术快速构建了 S^h/CMC 模型，筛选新冠病毒S蛋白的拮抗剂，以阻断病毒通过膜融合途径感染宿主细胞。

研究表明SARS-CoV-2可通过其表面S蛋白与宿主细胞ACE2受体特异性结合，介导其包膜与宿主细胞膜融合从而感染细胞。所以，S蛋白是SARS-CoV-2感染宿主细胞的关键蛋白，以S蛋白为靶点筛选抗新冠病毒膜融合药物是抗病毒药物开发的新思路。

本案例构建了 S^h-SNAP-HEK293T 稳定株，并对 S^h-SNAP-tag 细胞进行检测。结果表明，S蛋白在 S^h-SNAP-tag 细胞中高表达，而在 HEK293T 细胞及转染NC慢病毒载体的细胞中表达极低（图4-7）。

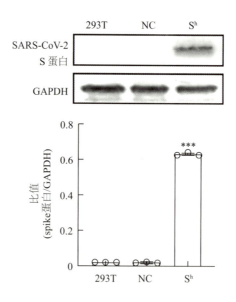

图4-7
新冠病毒S蛋白表达量

293T—HEK293T细胞；NC—空载质粒；S^h—S蛋白高表达细胞；***$P<0.001$ vs HEK293T

（二）非膜蛋白细胞构建

除许多膜受体蛋白外，大量非膜蛋白也是药物作用靶点，通常这些蛋白质位于细胞内，因缺乏膜锚定序列，并不能直接表达在细胞膜上。为了实现非膜蛋白表达于细胞膜上，可为这些蛋白质添加膜定位信号，实现蛋白质的细胞膜定位。CaaXBox是常用膜定位信号中的一种，通常是一个CaaX序列，其中"C"代表半胱氨酸（cysteine），"a"代表非极性氨基酸［如丙氨酸（alanine）、亮氨酸（leucine）等］，"X"代表可以是任何氨基酸。在CaaX序列后面，通常会有进一步的修饰。CaaxBox膜定位信号中的半胱氨酸残基通常会经历一个叫做酰化（acylation）的过程。酰化修饰后的CaaxBox信号能够使得蛋白质附着到细胞膜的内侧，使蛋白质在膜上稳定存在。因此在构建非膜蛋白高表达细胞时，为了使非膜蛋白表达在膜上，可在目的蛋白质基因的合适位置连接膜定位信号，使目的蛋白质附着于膜上。

三、固定相合成路线

（一）SNAP-tag-BSP

1. 活性硅胶合成

SiO_2-BG活性硅胶的制备如图4-8所示。

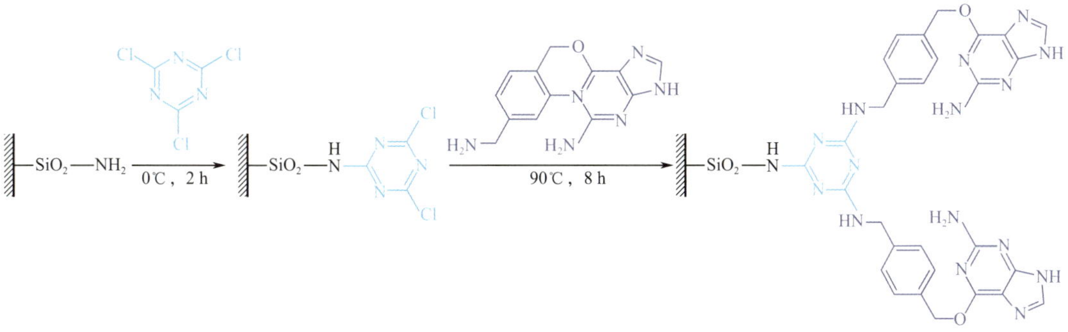

图4-8
SiO_2-BG活性硅胶的制备

2. 靶受体-固定相合成

靶受体-固定相的制备如图4-9所示。

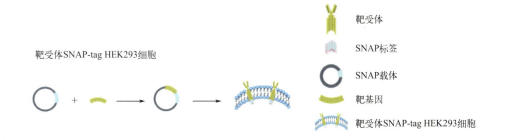

图4-9

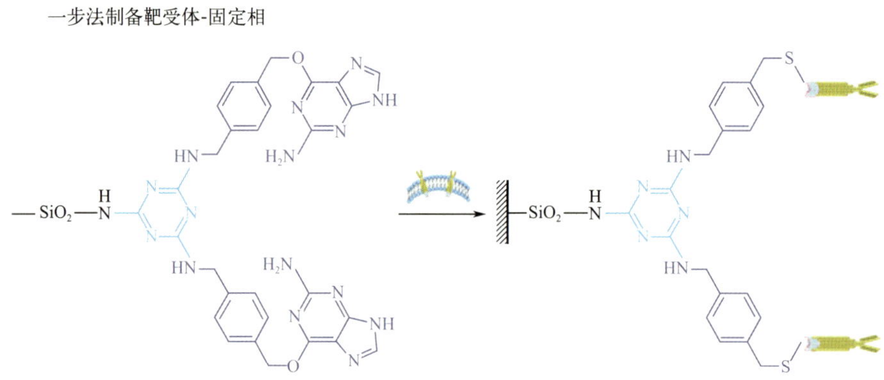

一步法制备靶受体-固定相

图4-9
靶受体-固定相的制备

（二）Halo-tag-BSP

1. 活性硅胶的合成

SiO_2-Cl 活性硅胶的制备如图4-10所示。

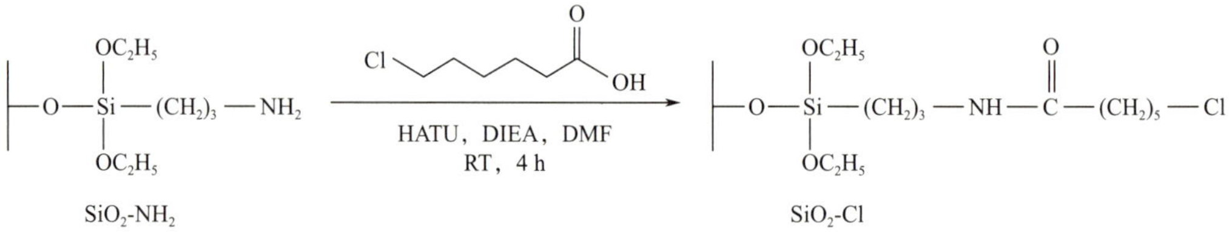

图4-10
SiO_2-Cl活性硅胶的制备

2. 靶受体-固定相合成

靶受体-固定相的制备如图4-11所示。

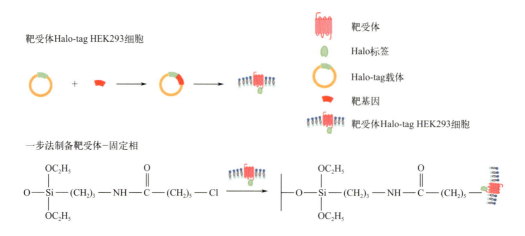

图4-11
靶受体-固定相的制备

(三) His-tag-BSP

1. 活性硅胶合成

SiO₂-VS活性硅胶的制备如图4-12所示。

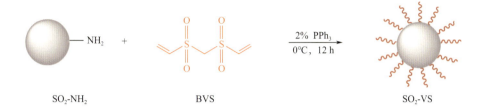

图4-12
SO₂-VS活性硅胶的制备

2. 靶受体-固定相合成

靶受体-固定相的制备如图4-13所示。

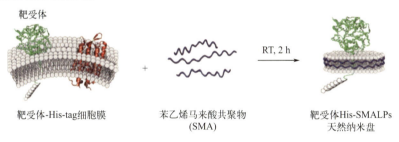

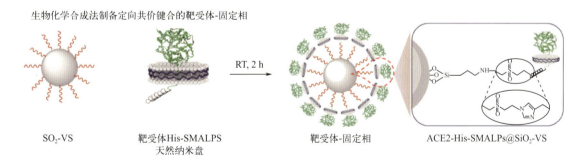

图4-13
靶受体-固定相的制备

四、固定相表征

CMC-固定相表征一般进行如下主要性能指标测定。

（一）靶蛋白键合率

CMC 键合型固定相利用标签靶蛋白细胞构建技术，常用活性硅胶作为载体，将活性硅胶制备成标签硅胶，同时构建标签靶蛋白细胞，利用标签间的特异性化学键合反应，获得 CMC- 键合型固定相。其中靶蛋白与硅胶载体通过共价键结合的程度，称为 CMC 键合型固定相的靶蛋白键合率。

例如：EGFR-SNAP-tag/CMC 固定相，SNAP-tag 与其底物苄基鸟嘌呤反应会释放一分子的鸟嘌呤，可以通过测定鸟嘌呤含量来反映 EGFR 的键合率。

（二）靶受体蛋白浓度测定

取膜制剂（CMC-固定相悬液或细胞膜悬液），加入稀 NaOH 溶液或蒸馏水，再加铜试剂，充分混合，放置 10 min，加 Folin 试剂（铜试剂），立即混匀，室温放置 30 min 或 50℃水浴中 10 min。利用分光光度计于波长 680 nm 处测定吸光度，用标准曲线法（牛血清白蛋白）计算靶受体蛋白浓度。

（三）Na^+/K^+-ATP 酶活性测定

在含 Na^+、K^+ 和 Mg^{2+} 的缓冲液中，加入 ATP 和膜制剂（CMC-固定相悬液或细胞膜悬液）。在 37℃温育 10 min 后，ATP 被酶分解成腺苷二磷酸（ADP）和无机磷（Pi）。以每毫克蛋白质每小时新产生的 Pi 量为酶的活性单位，单位为 $\mu mol/(L·mg·h)$。所得结果为总 ATP 酶活性，反映固定相的生物活性及靶受体的纯度。

（四）免疫荧光测定

对活性硅胶和 CMC-固定相同时进行免疫荧光法表征，具体步骤如下：两种样品先用 5% 的脱脂奶粉在 37℃封闭 30 min，用磷酸盐缓冲液（PBS）清洗 2 次后，加入靶受体的特异性抗体（用 1% BSA 稀释 200 倍）37℃孵育 1 h，接着用 PBS 清洗 3 次，避光加入绿色荧光二抗（用 1% BSA 稀释 200 倍）37℃孵育 2 h，最后在荧光显微镜蓝光和自然光下拍摄两种样品的图片。通过与活性硅胶比较，结果应证明 CMC-固定相表面已结合（吸附或键合）了靶受体。

（五）扫描/透射电镜测定

对活性硅胶和 CMC-固定相同时进行扫描/透射电镜法表征，步骤如下：两种样品先在 37℃烘箱中干燥过夜，将其粉末分别固定在样品底座上并喷金后进行扫描电镜（SEM）分析。在测量电压为 2 kV、放大倍数为 5000 倍和 12000 倍的条件下，观察两种样品的表面形貌变化。透射电镜（TEM）拍摄前样品制备具体如下：将 PBS 中的两种样品分别添加到铜网上，在红外光下烤干，然后在放大倍数为 40000 倍时通过 TEM 观察硅胶球边缘。通过与活性硅胶比较，结果应证实CMC-固定相表面结合的靶受体周围有磷脂质层。

五、固定相特性评价

（一）结合活性

CMC-固定相的结合活性是通过对照品的保留特性反映的。一般选择靶受体的已知配体作为对照品，用CMC-分析仪测定对照品的作用曲线，求得其K_D或k'值。K_D或k'值在规定的范围内，则表明制备的CMC-固定相具有识别其配体的结合活性，相关的靶受体/CMC-模型以及由此建立的CMC分析方法符合要求，可以用于相关的检测分析。

（二）特异性

CMC-固定相的特异性是反映配体-受体相互作用特性的关键指标。一般选择靶受体的已知配体作为阳性对照品，其他非靶受体的已知配体作为阴性对照品，用CMC-分析仪测定阳性对照品与阴性对照品的t_R值。若阳性对照品的t_R值大于t_0值，阴性对照品的t_R值接近于t_0值，则表明制备的靶受体/CMC-固定相具有良好的特异性。

例如：针对EGFR-SNAP-tag/CMC-固定相，选择吉非替尼（EGFR拮抗剂）为阳性对照品，阴性对照品选择坦索罗辛（$α_1A$受体拮抗剂）、特布他林（$β_2$肾上腺素受体激动剂）、苯海拉明（组胺H1受体拮抗剂），测定结果如图4-14所示。结果证明EGFR-SNAP-tag/CMC固定相只对EGFR拮抗剂吉非替尼有特异性结合。

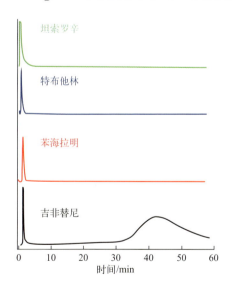

图4-14
EGFR-SNAP-tag/CMC-固定相的特异性

（三）稳定性

CMC-固定相具有生物活性，但其生物活性在使用过程中会随时间而衰减，所以在一定时间范围内应保持其性能稳定。CMC-固定相的稳定性通过重复性和使用周期等指标反映。

1. 重复性

CMC-固定相的重复性包括同一固定相重复性和不同固定相重复性，通过测定对照品的 t_R 值表示。一般要求，在 CMC-固定相使用周期内，同一固定相的重复性，RSD 应小于 2%；不同固定相的重复性，RSD 应小于 5%；表明制备的靶受体/CMC-固定相具有良好的重复性。

2. 使用周期

CMC-固定相的使用周期是有限的，不同靶蛋白和不同蛋白标签技术制备的 CMC-固定相，其使用周期略有不同，一般在 7～10 天左右。在使用周期内，CMC-固定相的结合活性也会随时间而降低，一般通过 CMC-相对标准法或 CMC-活性因子法，降低或消除其影响。

六、实际应用

案例：新型 ACE2-His-SMALPs/CMC-固定相的制备

ACE2-His-SMALPs/CMC 是利用 His-tag 标签制备的 CMC-键合型固定相，实验中采用乙烯基砜修饰硅胶（SiO_2-VS）与 His-tag 的特异性共价反应，将 ACE2-His-SMALPs 天然纳米盘键合于乙烯基砜硅胶上，获得新型 ACE2-His-SMALPs/CMC-固定相。

（一）实验方法

1. 实验材料

ACE2-His-tag 高表达 HEK293T 细胞，苯乙烯-马来酸酐共聚物（2000P），氨基硅胶，二乙烯基砜（DVS），SARS-CoV-2 假病毒，SARS-CoV-2 灭活病毒，ACE2 抗体，SARS-CoV-2 S 蛋白抗体等。

2. 实验仪器

CMC/RL-分析仪［天然血管药物筛选与分析国家地方联合工程研究中心研制，悟空科学仪器（上海）有限公司生产］，FEI Tecnai G2 12 高分辨透射电镜（美国 FEI 公司）。

3. 实验条件

（1）ACE2-His-SMALPs/CMC 的制备

称取 0.5 g 氨基硅胶置于 50 mL 圆底烧瓶中，加入 20 mL N,N-二甲基甲酰胺，将圆底烧瓶置于低温恒温搅拌反应浴中，降温使其温度维持在0℃。随后加入114 μL 二乙烯基砜，2%的4-二甲氨基吡啶作为催化剂。在0℃搅拌下反应12 h，产物分别用乙腈和三蒸水洗涤，各重复3次，在85℃烘箱中烘干，称重，在常温密闭容器中保存。

称取40 mg SiO_2-VS，加到4 mL ACE2-His-SMALPs溶液中，室温下在摇床上以150 r/min的转速振摇12 h，得到ACE2-His-SMALPs/CMC-SP悬液。将ACE2-His-SMALPs/CMC-SP悬液于4℃下1000g离心10 min，弃上清，向沉淀加入约5 mL生理盐水，涡旋混匀，重复上述操作2次，去除多余的未结合在硅胶上的细胞膜。所制备的ACE2-His-SMALPs/CMC-SP可立即使用或置于4℃冰箱保存备用。

（2）固定相表征

① 扫描电镜：将制备的样品置于真空离心浓缩仪中干燥90 min，除去样品内吸附的水蒸气。将导电胶带剪下，粘于样品台，然后用牙签蘸取少量样品粉末，轻轻将样品粘附于导电胶上，通过敲打、振动、用洗耳球从侧面吹扫粉末，以除去聚团和重叠的粉末颗粒。将样品台放入离子溅射仪中，开启真空泵降低真空度，喷金60 s。将制备好的样品放入电镜样品仓，调整电压、聚焦后拍摄照片。

② X射线光电子能谱（XPS）：将制备的样品置于真空离心浓缩仪中干燥90 min，除去样品内吸附的水蒸气，确保固体样品充分干燥。将待测样品压成片状。取干净的铝箔，用丙酮将其表面擦拭干净。将约10 mg的粉末样品放在铝箔上，用玻璃棒轻轻压平，使其尺寸约为3 mm×3 mm。将压好的样品放入XPS仪器中进行测试。X射线会照射样品激发出内层电子，随后被探测器捕捉并转化为能量谱，从而得到样品的XPS谱。通过Avantage软件对得到的XPS谱进行分析，确定样品的表面化学成分，对谱峰进行分峰拟合。

③ 免疫荧光检测：将制备的固定相用PBS洗涤，1000 r/min离心10 min后弃上清。用含有1%牛血清白蛋白和10%胎牛血清封闭30 min。封闭结束后，1000 r/min离心10 min，弃上清，加入200 μL经1:100稀释的ACE2抗体，37℃下孵育1 h。加入200 μL经1:500稀释的Alexa Flour 350山羊抗兔荧光二抗，37℃孵育30 min。加入DiI细胞膜红色荧光探针孵育20 min，洗涤3次。将样品加到载玻片上，用盖玻片从左到右完成推片，滴加一滴抗荧光淬灭封片剂，从一侧缓缓盖上盖玻片并固定，置于4℃冰箱避光保存。在激光共聚焦显微镜下拍照并用Image J软件进行分析。

（3）系统适用性考察

① 特异性：地氯雷他定是经SPR验证确定的可结合ACE2的小分子化合物，而抗肿瘤药吉非替尼（表皮生长因子受体抑制剂）、抗癫痫药卡马西平

（钠通道阻滞剂）、抗生素左氧氟沙星（拓扑异构酶Ⅱ抑制剂）则是与ACE2无结合作用的化合物。制备的ACE2-His-SMALPs/CMC-SP表面键合了ACE2膜蛋白，因此利用所制备的ACE2-His-SMALPs/CMC-SP对地氯雷他定、吉非替尼、卡马西平和左氧氟沙星四种化合物进行保留行为测定，可考察所制备的固定相的选择性。色谱条件为5 mmol/L Na_2HPO_4 (pH = 7.4)，流速0.2 mL/min，柱温37℃，进样5 μL，检测波长分别为242 nm、332 nm、285 nm、293 nm。

② 重复性：在相同分析条件下对制备的ACE2-His-SMALPs/CMC-SP重复进样地氯雷他定水溶液5次，通过测定地氯雷他定在ACE2-His-SMALPs/CMC-SP上的保留时间（t_R）的RSD值，考察ACE2-His-SMALPs/CMC柱的柱内重复性。柱间重复性通过对三根ACE2-His-SMALPs/CMC柱进样地氯雷他定对照品溶液来考察，将其保留时间作为评价指标。色谱条件为5 mmol/L Na_2HPO_4(pH=7.4)，流速0.2 mL/min，柱温37℃，进样5 μL，检测波长为242 nm。

③ 使用周期：通过连续每日多次对ACE2-His-SMALPs/CMC柱进样分析，测定其保留时间，考察地氯雷他定在ACE2-His-SMALPs/CMC柱上保留时间的变化，以考察色谱柱活性随时间的变化情况，以相同方法对物理吸附型ACE2-His@SiO_2/CMC柱的使用周期进行考察对比。色谱条件为5 mmol/L Na_2HPO_4(pH=7.4)，流速0.2 mL/min，柱温37℃，进样5 μL，检测波长为242 nm。

（二）实验结果

1. ACE2-His-SMALPs 的制备

苯乙烯马来酸酐共聚物（styrene maleic acid copolymer，SMA）可直接提取单个膜蛋白及其周围的膜磷脂形成天然纳米盘，具有稳定膜蛋白天然结构的优势。增溶细胞膜和生成SMALPs使用的是SMA酸的形式，因此首先在碱性条件下通过苯乙烯马来酸酐（SMAnh）的水解反应制备SMA。利用傅里叶变换红外色谱仪对SMAnh水解前后的样品进行测定，结果如图4-15（a）所示，红外光谱中SMAnh显示出了位于1778 cm^{-1}的马来酸酐羰基的特征信号，在SMAnh水解后的产物中该处信号消失，取而代之的是位于1577 cm^{-1}和1408 cm^{-1}的羧酸羰基盐特征峰，表明SMA制备成功。图4-15（b）是对SMA和细胞膜反应生成SMALPs的动力学和提取效率的考察结果。将SMA添加到细胞膜悬液中会自发形成SMALPs，细胞膜为浑浊不透明的混悬液，加入2.5%的SMA于室温下振荡孵育2 h后，溶液变为澄清，因为SMALPs粒径较小，几乎不散射光，表明膜蛋白被SMA增溶溶解。该过程可由散射光总量的减少而验证，结果显示该反应速度较快，在添加SMA的瞬间溶液的澄清度就发生显著改变，并在30 min内趋于稳定。对反应混合物离心，分离得到的上清液为溶解的ACE2-His-SMALPs溶液。通过免疫印迹（Western blot）分别检

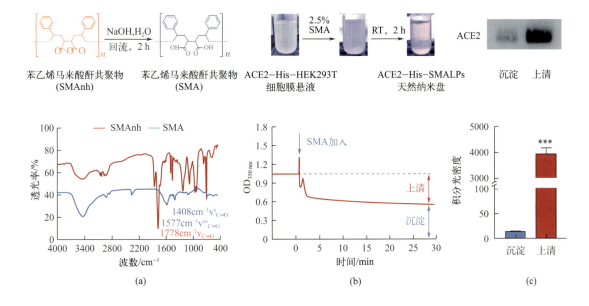

图4-15
ACE2-His-SMALPs的制备与验证
（a）SMA的制备反应与红外光谱鉴定；（b）SMALPs生成反应照片与浊度实验；（c）沉淀与上清中ACE2的免疫印迹结果

测沉淀和上清中的ACE2，结果如图4-15（c）所示，上清液中的ACE2含量是沉淀中的243.9倍，SMA对ACE2的提取率为99.59%±0.03%，表明SMA法可从细胞膜中高效提取ACE2膜蛋白并生成ACE2-His-SMALPs。

2. ACE2-His-SMALPs/CMC-SP表面特征

① 扫描电镜表征：结果如图4-16所示，SiO_2-NH_2在扫描电镜下呈现为表面平整光滑的球形颗粒，而SiO_2-VS的形貌与SiO_2-NH_2无明显差异，这是由于DVS分子量低，改性SiO_2-NH_2之后在微米级别仍难以观察到。但键合ACE2-His-SMALPs后，扫描电镜可观察到SiO_2-VS原本较为光滑的表面包裹了一层粗糙的颗粒物，可以清楚地看到表面形成了褶皱凸起与硅胶之间的膜状物，表明细胞膜蛋白的成功键合。

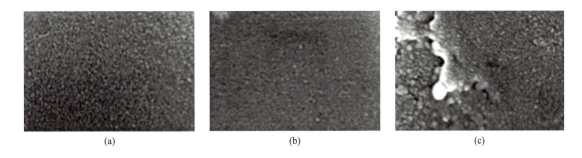

图4-16

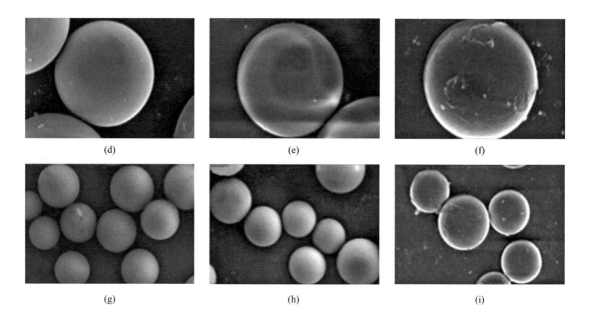

图4-16
ACE2-His-SMALPs/CMC-固定相的扫描电镜表征图像
(a) SiO_2-NH_2, 比例尺: 100 nm; (b) SiO_2-VS, 比例尺: 100 nm; (c) ACE2-His-SMALPs@SiO_2-VS, 比例尺: 100 nm; (d) SiO_2-NH_2, 比例尺: 1 μm; (e) SiO_2-VS, 比例尺: 1 μm; (f) ACE2-His-SMALPs@SiO_2-VS, 比例尺: 1 μm; (g) SiO_2-NH_2, 比例尺: 2 μm; (h) SiO_2-VS, 比例尺: 2 μm; (i) ACE2-His-SMALPs@SiO_2-VS, 比例尺: 2 μm

② X射线光电子能谱表征: 进一步通过XPS表征DVS的修饰及ACE2-His-SMALPs的键合, 结果如图4-17所示。全谱扫描发现材料主要含有C、N、O、Si、S和P元素。经DVS修饰后, XPS的S 2p高分辨率谱扫描出现了位于168 eV的砜的特征峰, 表明硅胶表面成功实现了DVS功能化修饰。ACE2-His-SMALPs@SiO_2-VS的C 1s和N 1s的含量较SiO_2-VS增加, 并检出了位于133.3 eV的P 2p特征峰。对ACE2-His-SMALPs@SiO_2-VS的C 1s进行分峰拟合发现了位于284.6 eV、286.0 eV和288.5 eV的三个峰, 分别属于C—C、C—O、C=O特征峰, 可解释为组成有机层的化合键。C的原子百分比随着逐步的改变而增加, 而Si的原子百分比则随之下降, 表明有机层在无机层表面的生长。综合以上实验结果, DVS成功修饰到SiO_2-NH_2上形成SiO_2-VS, 并且随后ACE2-His-SMALPs成功键合到SiO_2-VS, 通过元素含量验证了固定相制备成功。

3. ACE2-His-SMALPs/CMC-SP结合特性

为了验证硅胶表面键合的ACE2-His-SMALPs中ACE2及其周围的磷脂的存在, 进一步使用Anti-ACE2一抗、Alexa Fluor 350标记二抗、DiI细胞膜红色荧光探针对ACE2-His-SMALPs@SiO_2-VS进行免疫荧光分析。结果如图4-18所示, ACE2与细胞膜的特异性荧光在ACE2-His-SMALPs@SiO_2-VS表面共定位良好, 且荧光在硅胶表面分布均匀。以上结果表明ACE2-His-SMALPs在SiO_2-VS成功键合且ACE2保持了良好的跨膜结构和结合活性。

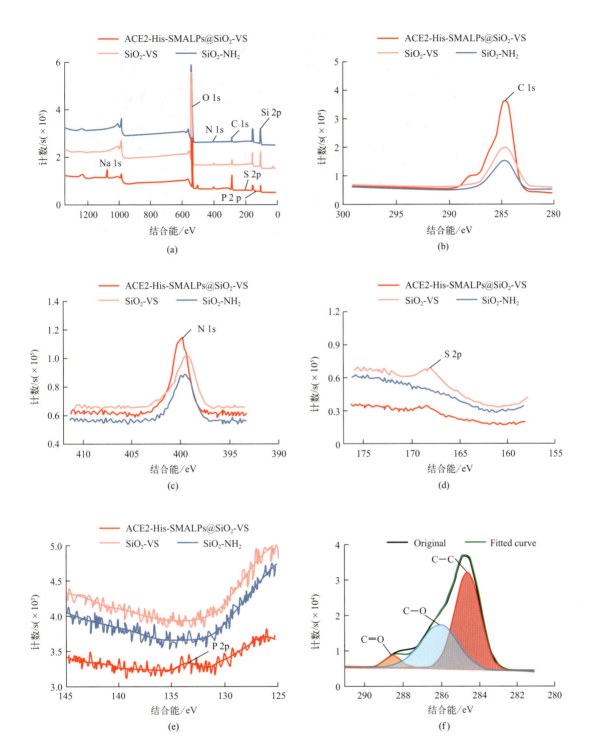

图4-17
ACE2-His-SMALPs/CMC-固定相的X射线光电子能谱图
(a) XPS扫描全谱图；(b) C 1s的精细扫描图；(c) N 1s的精细扫描图；(d) S 2p的精细扫描图；(e) P 2p的精细扫描图；(f) C 1s的分峰拟合曲线

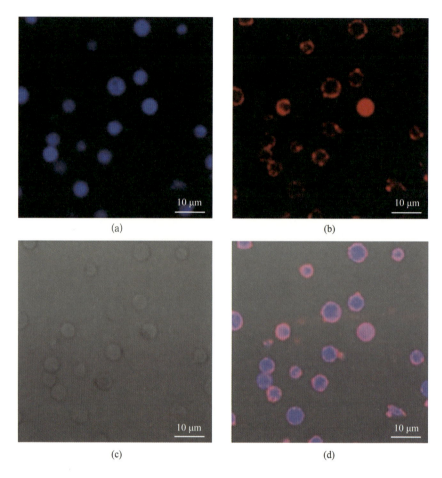

图4-18
ACE2-His-SMALPs@SiO$_2$-VS的共聚焦免疫荧光显微图像

(a) ACE2抗体免疫荧光结果（蓝色）；(b) 细胞膜染料DiI染色结果（红色）；(c) 明场；(d) Merge图像，比例尺：10 μm

4. ACE2-His-SMALPs/CMC柱的系统适用性

利用制备所得的ACE2-His-SMALPs@SiO$_2$-VS材料经过湿法装柱，得到了ACE2-His-SMALPs/CMC柱。为了验证该色谱柱的性能，对ACE2-His-SMALPs/CMC柱进行了系统适用性分析。由于尚无已知的ACE2阳性药，选取已报道的与ACE2具有结合作用且具有抑制SARS-CoV-2假病毒感染作用的地氯雷他定作为阳性药，选择与ACE2无结合作用的JAK1/2抑制剂鲁索替尼、钠离子通道阻滞剂卡马西平、拓扑异构酶Ⅱ抑制剂左氧氟沙星作为阴性药。通过分别进样ACE2受体的阴性药与阳性药，观察其在ACE2-His-SMALPs/CMC柱上的色谱图进行选择性考察实验。结果如图4-19所示，由于鲁索替尼、卡马西平、左氧氟沙星与ACE2之间没有相互作用，直接随流动相流出色谱柱；而地氯雷他定显示出保留特征峰。这表明制备的ACE2-His-SMALPs/CMC柱可用于发现、筛选和分析可与ACE2发生特异性结合的化合物。

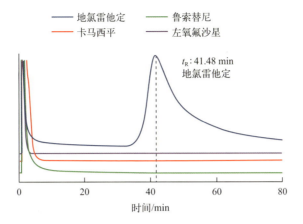

图 4-19
ACE2-His-SMALPs/CMC柱的选择性

进一步验证ACE2-His-SMALPs/CMC柱的特异性，分别将具有ACE2结合特性的化合物地氯雷他定进样到ACE2-His-SMALPs/CMC柱、NC-HEK293T/CMC柱和SiO_2-VS柱。结果如图4-20所示，地氯雷他定只有在ACE2-His-SMALPs/CMC柱上有保留行为，而在没有键合ACE2受体的SiO_2-VS柱、NC-HEK293T/CMC柱中未产生保留，这表明地氯雷他定在ACE2-His-SMALPs/CMC柱上的特异性保留行为是由其键合的ACE2膜受体产生的。

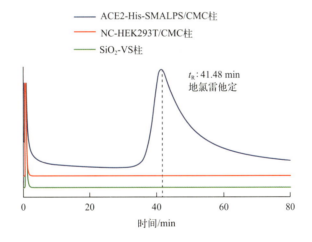

图 4-20
ACE2-His-SMALPs/CMC柱的特异性

在相同分析条件下对ACE2-His-SMALPs/CMC柱多次重复进样，通过测定地氯雷他定的保留时间（t_R）分析ACE2-His-SMALPs/CMC柱的重复性，连续进样结果如图4-21所示，ACE2-His-SMALPs/CMC柱内t_R的RSD值为1.06%

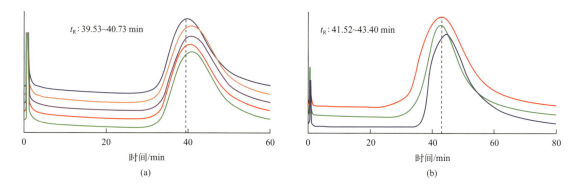

图 4-21
ACE2-His-SMALPs/CMC 柱的重复性
(a) 柱内重复性；(b) 柱间重复性

(n=5)，柱间 t_R 的 RSD 值为 2.22%（n=3），表明 ACE2-His-SMALPs/CMC 柱具有可接受的重复性。

在材料表面固定化的膜蛋白的活性和结合牢固程度是决定膜蛋白固定化材料使用周期的重要因素。为了考察其使用周期，在用流动相连续冲洗的条件下，分别测试了不同天数地氯雷他定在 ACE2-His-SMALPs/CMC 柱与物理吸附型 ACE2-His@SiO$_2$/CMC 柱上的保留行为。结果如图 4-22 所示，ACE2-His-SMALPs/CMC 柱中地氯雷他定的保留时间明显高于物理吸附型 ACE2-His@SiO$_2$/CMC 柱，ACE2-His-SMALPs/CMC 柱活性半衰期更长，表明经 SMA 稳定、位点特异性固定的膜蛋白的结合活性更高，且共价键合的方式使膜蛋白具备一定抗脱落的能力，因此显著延长了 ACE2-His-SMALPs/CMC 柱的使用周期。

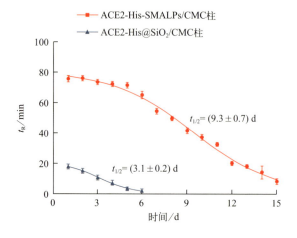

图 4-22
ACE2-His-SMALPs/CMC 柱的寿命

(三)小结

本案例创建了 ACE2-His-SMALPs/CMC-固定相,宿主细胞上的 ACE2 受体朝向可控。本案例中 ACE2 受体朝向与体内过程一致,所以该固定相具有识别 ACE2 配体包括 SARS-CoV-2 的特异性与准确性,而且活性保持时间较长,其结合活性半衰期约为 (9.3 ± 0.7) d。

细胞膜色谱法
Cell Membrane Chromatography

第五章
细胞膜色谱仪

细胞膜色谱（CMC）法自20世纪90年代初创立以来，已广泛应用于创新药物筛选发现和复杂体系目标物分析两大领域，显示出较强的分析优势。CMC-分析仪实现商品化的关键是要构建CMC仿生检测体系，并在膜受体保持活性状态下，直接地动态反映配体的启始作用特性，以及后续发生的生物学与药理学效应等现象。

CMC-分析仪是一种智能化、专属性与开放式的分析工具，具有为实现特定的分析目标而不断深度学习和完善提升的功能，也将为能够远程服务而具有个性化、分布式与网络化等特性。如CMC/RL-分析仪，就是CMC仿生检测体系和智能分析系统组成的CMC-分析仪，用于研究配体-受体相互作用特性。同时，以CMC仿生检测体系为核心单元，结合分离/分析单元和智能分析系统，组成了2D/CMC-分析仪，用于复杂体系中目标物的分析研究。

第一节
主要结构单元

CMC-分析仪由CMC仿生检测体系（CMC-1D）、分子对接单元、分离/分析单元（HPLC-2D）和智能分析系统组成，如图5-1所示。

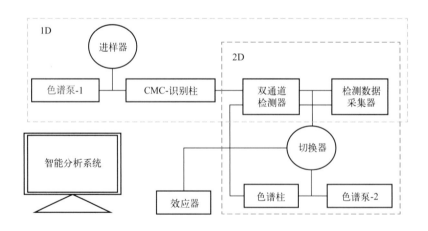

图5-1
细胞膜色谱分析仪主体结构示意图

一、CMC仿生检测体系（CMC-1D）

CMC仿生检测体系由CMC-识别柱、色谱泵、进样器、检测器和数据采集器等组成，构成了CMC-分析仪的第一维（1D）CMC分析单元，可以用于配体（药物）与受体的相互作用特性的测定，以及复杂体系中目标物的识别分析。同步可以配备效应检测器，能够在线或离线检测配体的生物学效应，如膜受体磷酸化、Ca^{2+}流变化和细胞介质释放等，以验证配体的体内过程。

二、分子对接单元

分子对接（molecular docking）是借助计算机技术，利用 AlphaFold 3 平台获得受体的立体结构，以及配体与受体间的作用区域与作用位点等信息，并进行配体-受体相互作用动态模拟，可用于新配体筛选和药物先导物设计的方法。具体可以虚拟研究配体-受体间的相互作用特性，预测其结合模式、亲和强度和亲和力类型等。

三、分离/分析单元（HPLC-2D）

分离/分析单元一般由切换器、色谱泵、色谱柱、检测器和数据采集器等组成，构成了CMC-分析仪的二维（2D）色谱单元。

由CMC-1D单元获得的目标物通过切换器，进入2D色谱单元，此时目标物已经成为样品主体，所以对进一步分离的要求降低，应用常规的HPLC条件就可以满足要求。如果需要对目标物进行化学结构鉴定，则可以同步联用HPLC/MS系统或MS检测器。另外，因为CMC-1D单元的内压极低，整个CMC-分析仪基本在低压条件下运行。

四、智能分析系统

智能分析系统是细胞膜色谱仪的总控单元，主要由人机界面、数据采集、数据比对分析、学习模型、云交互与服务等构成，可基本实现CMC分析的全自动、智能化和网络化。

第二节
CMC/RL-分析仪

CMC/RL-分析仪由CMC仿生检测体系、分子对接单元和智能分析系统等组成，用于研究配体-受体相互作用特性。

一、设计与工程化样机

（一）流路系统

CMC/RL-分析仪的主要流路见图5-2。

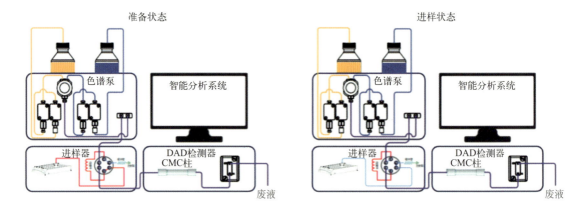

图5-2
CMC/RL-分析仪流路示意图

（二）工程化样机

CMC/RL-分析仪的工程化样机见图5-3。

图5-3
CMC/RL-分析仪工程化样机

二、主要单元

（一）CMC仿生检测体系

CMC仿生检测体系是CMC/RL-分析仪的核心单元，主要模拟配体-受体的体内作用过程，即配体产生生物效应的关键环节，在分子水平直接反映配体的启始作用特征。根据分析目标要求，可以配备效应检测器。实际应用中，CMC仿生检测体系可以用于配体（药物）与受体的相互作用特性的测定，以及复杂体系中目标物的识别分析。

（二）分子对接单元

分子对接（molecular docking）是借助计算机技术，利用AlphaFold 3平台获得受体的立体结构，以及配体-受体间的作用区域与作用位点等信息，并进行配体-受体相互作用动态模拟的方法，可用于新配体筛选和药物先导物设计。CMC-RL分析仪中分子对接单元可以虚拟研究配体-受体间的相互作用特性，预测其结合模式、亲和强度和亲和力类型等。

（三）智能分析系统

CMC/RL-分析仪拥有较强的智能分析系统，以满足不同运行模式对软件支撑的要求，基本实现分析仪的全自动和智能化。智能分析系统主要包括相关数据库、对照品库、学习模型和支持平台等。

三、运行模式

CMC/RL-分析仪主要有两种运行模式，CMC检测和筛选-评价。

（一）CMC检测

1. 样品制备

利用分子对接高通量筛选得到的具有潜在活性的一组候选化合物，用适当溶剂溶解，制备成一定浓度的样品溶液，备用。

2. 保留值测定

利用CMC/RL-分析仪，对一定浓度的候选化合物溶液进行测定。结果可以用化合物的t_R值、k'值或K_D值表达，并与对照药物进行比对分析，确定有效化合物或有效化合物群，再进行后续生物效应评价。

（二）筛选-评价

这种运行模式主要是利用分子对研究药物-受体相互作用，预测药物-受体结合模式和亲和力，并进行高通量筛选，可同步结合CMC/RL-分析仪的CMC检测功能，对分子对接优选的化合物进行评价。筛选-评价过程可以循环进行，以提高药物先导化合物的发现效率。

1. 确定靶受体结构

利用 AlphaFold 3 与 RoseTTA Fold-All-Atom（RFAA）基于深度学习的蛋白质结构预测工具，或文献报道的靶受体结构生物学数据，获得靶受体较为精确的立体结构及配体作用结构域。

2. 建立化合物来源库

根据目标化合物群的性质，化合物可以是小分子合成、天然植物和生物大分子等不同来源，可以用开放的化合物库，如 ZINC 数据库、活性药物化合物库、片段化合物库等，也可以自建化合物库。

3. 分子对接筛选

利用 CMC/RL- 分析仪的分子对接功能，在选定的对接软件上对化合物库进行高通量筛选分析，以对照药物的打分值为基准，获得被筛选化合物与受体结合的预估亲和力值、氢键个数及位点等信息。

4. 保留特性评价

利用 CMC/RL- 分析仪的 CMC 检测功能，对优选的化合物进行结合强度评价，进一步确定有效化合物。

5. 确定候选化合物

通过分析分子对接筛选信息和 CMC 检测参数，结合成药性的基本原则，将化合物与对照药物进行全面对比和评价，确定一组具有潜在活性的候选化合物。

四、实际应用

案例 1：地骨皮甲素通过抑制组胺 H1 受体发挥抗过敏效应

组胺主要由肥大细胞和嗜碱性粒细胞脱颗粒产生，组胺受体有四种亚型，而组胺则主要通过激活组胺 H1 受体（H1R）来引起血管内皮细胞收缩，使血管扩张和血管通透性增加。本案例利用 His-tag-H1R/CMC 模型研究发现，地骨皮甲素可结合于 H1R，降低人脐静脉内皮细胞（HUVEC）上磷脂酶 C（PLC）的活性，抑制小鼠皮肤毛细血管扩张及细胞因子释放，显示出与对照药地氯雷他定相似的药理活性。

（一）实验方法

1. 实验材料

组胺；地氯雷他定、扎替雷定、NB-598、Genz-123346、TMC353121、盐酸伊伐布雷定、nirogacestat、伐诺司林、地骨皮甲素、H3B-6545、U-73343、D-Lin-MC3-DMA、UPCDC-30245、Dynole 34-2、PHT-427、β-

生育三烯酚、FR194738、BMS-433771等；Amplex™ Red磷脂酶C试剂盒；MCP-1、IL-8和TNF-α测定试剂盒；甲醇（HPLC级）。

2. 实验仪器

CMC/RL-分析仪［天然血管药物筛选与分析国家地方联合工程研究中心研制，悟空科学仪器（上海）有限公司生产］；RPL-ZD10型色谱填料装柱机；BL-420S生物机能实验系统。

3. 细胞及动物

His-tag-H1R-293T细胞、HUVEC细胞；C57BL/6J雄性小鼠（6～8周）。

4. 实验条件

（1）分子对接

使用分子对接软件SEESAR 13.0.0预测H1R结合位点，高通量对接了Bioactive Compound Library Plus、Enamine和Diversity Library分子数据库中80万个化合物，并同时对接目前上市的H1R拮抗剂。预估亲和力值用于评估配体和H1R的相互作用。对于所有化合物的初步筛选，生成10个对接姿态，然后计算标准碰撞耐受性估计结合亲和力范围并用于二次筛选。

（2）CMC筛选

所有实验均使用处于对数生长期的细胞。当细胞生长到约80%，使用胰蛋白酶收获细胞。收获的细胞（$7×10^6$个）在4℃下以1000g离心10 min，用生理盐水洗涤3次。加入Tris-HCl缓冲液（50 mmol/L，pH 7.4）后，在4℃下对细胞超声处理30 min。超声破碎所得匀浆以1000g离心10 min，并将上清液转移至新的eppendorf（EP）管中，随后在4℃下以12000g离心20 min。细胞膜沉淀物采用20 mmol/L Tris-HCl缓冲液重悬，并添加苯乙烯马来酸酐聚合物（SMA）至2.5%。在室温下孵育2 h。在4℃下以12000g离心20 min，离心后收集上清液。上清液与50 mg BVS改性的SiO_2-NH_2混合并在25℃下搅拌12 h。离心除去未结合的蛋白质，将沉淀重悬于生理盐水中。最后，将细胞膜色谱固定相填充到色谱柱中，并通过湿法填充制备得His-tag-H1R/CMC柱。所有样品均用甲醇溶解至1 mg/mL，并在使用前用0.45 μm膜过滤器过滤。以5 mmol/L磷酸盐缓冲液（PBS）为流动相，流速为0.2 mL/min，柱温为37℃。

（3）前沿分析法

色谱条件：流动相A为磷酸氢二钠溶液（20 mmol/L），流动相B为地骨皮甲素溶液（$8×10^{-7}$ mol/L）。流速为0.2 mL/min；柱温为37℃；检测波长为214 nm。

首先使用流动相A平衡His-tag-H1R/CMC柱。然后通过调节流动相A和B的比例，分别获得$8×10^{-8}$ mol/L、$1×10^{-7}$ mol/L、$2×10^{-7}$ mol/L、$4×10^{-7}$ mol/L、

$6×10^{-7}$ mol/L、$8×10^{-7}$ mol/L浓度条件下的药物突破曲线。

（4）PLC活性测定

利用Amplex™ Red磷脂酶C试剂盒测定化合物对H1R-293T细胞和HUVEC细胞中PLC的活性影响。将H1R-293T细胞和HUVEC细胞分别接种到12孔板中培养，生长至60%～70%时，加入对应的化合物在37℃下孵育2 h，接着加入组胺激动10 min。消化细胞，加入蛋白质裂解液在4℃下裂解30 min。超声破碎后，4℃下12000g离心10 min。取上清，采用BCA法测定蛋白质浓度。样品用1×反应液稀释保证各样品蛋白质浓度一致。将100 μL样品加到96孔板中，对照孔为1×反应液。将100 μL工作液加至样品孔/对照孔，于37℃避光孵育45 min。随后测定560 nm激发光和590 nm发射光处的荧光强度并计算不同化合物的IC_{50}值。

（5）体温实验

将所有小鼠随机分为8组（每组5只）：空白对照组、对照组、地氯雷他定处理组（0.86 mg/kg）、地骨皮甲素处理组（0.86 mg/kg、1.72 mg/kg、3.44 mg/kg、6.88 mg/kg、13.76 mg/kg）。测量小鼠初始体温后，灌胃给药0.20 mL不同浓度的地骨皮甲素或者地氯雷他定。尾静脉注射组胺（30 μg/mL）作为阳性对照。将探针插入小鼠的肛门，用生物功能实验系统每3 min测量每只小鼠的体温，持续30 min。

（6）细胞因子测定

给小鼠灌胃给药地骨皮甲素（13.76 mg/kg）和地氯雷他定（0.86 mg/kg）后，等待30 min，尾静脉注射组胺。6 h后取眼眶血，在4℃下以12000g离心20 min，取上层血清。分别以每孔100 μL的量将血清加到96孔板中。使用鼠趋化因子阵列试剂盒检测血清中MCP-1、IL-8和TNF-α的水平。

（7）足趾肿胀和外渗实验

给成年小鼠（6～8周）腹腔注射0.2 mL 4%水合氯醛进行麻醉。麻醉15 min后，静脉注射0.2 mL 0.4%的伊文思蓝染色液。在注射任何测试物质之前，使用游标卡尺测量足趾的厚度。灌胃给药地骨皮甲素（0.86 mg/kg、1.72 mg/kg、3.44 mg/kg、6.88 mg/kg、13.76 mg/kg）及阳性对照药地氯雷他定（0.86 mg/kg），30 min后，将5 μL组胺（30 μg/mL）注射到每只小鼠的左爪中，将5 μL生理盐水注射到右爪作为阴性对照。15 min后，处死小鼠。然后再次测量足趾的厚度并记录。将足趾收集到1.5 mL EP管中，在50℃下干燥24 h，并单独称重。加入500 mL 丙酮/盐水混合物（7:3）提取伊文思蓝染料，然后在37℃下孵育2 h。将组织切成块，在超声仪中破碎10 min，然后离心（3600 r/min，10 min）。取200 μL上清液转移至96孔板中，并在620 nm处读取光密度（OD）值。

（8）苏木精-伊红（HE）染色

处死小鼠后剪取小鼠足趾皮肤，用多聚甲醛固定，制成石蜡切片。切片脱蜡并再水化为水。切片用苏木精染色液染色5 min，然后用伊红染色液染色3 min。在显微镜下观察毛细血管扩张效应。

（9）统计分析

实验所得数据以平均值±标准偏差（SD）表示，并进行方差分析（ANOVA）。采用双尾检验进行两组比较。$P<0.05$（以*表示）、$P<0.01$（以**表示）和$P<0.005$（以***表示）时，认为存在显著差异。

（二）实验结果

1. 分子对接技术高通量筛选H1R候选活性化合物

利用分子对接软件SEESAR高通量对接化合物库中约80万个化合物，与目前上市H1R拮抗剂的对接结果进行比较，其中优于上市药物预估亲和力值的化合物有1343个。通过判断分子对接初步筛选出的化合物化学结构的多样性，最终选择出515个化合物进行后续考察，如图5-4（a）所示。图5-4（b）显示了在515个化合物中前100个化合物的预估亲和力值，最终选择22个预估亲和力小于1 pmol/L的化合物进行后续的实验考察。

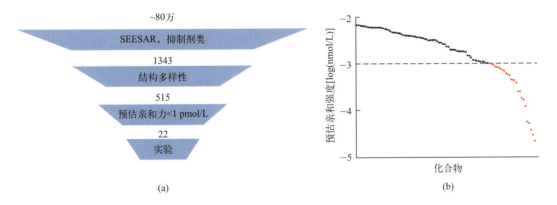

图5-4
分子对接技术高通量筛选H1R相互作用化合物
(a) 高通量筛选程序步骤；(b) 前100个化合物的预估亲和力值统计图

2. CMC法分析候选化合物与H1R的结合作用

利用His-tag-H1R/CMC模型分析22个初筛化合物与H1R的相互作用，其中地氯雷他定作为阳性药，结果如表5-1所示。扎替雷定、NB-598、Genz-123346、TMC353121和盐酸伊伐布雷定在His-tag-H1R/CMC柱中有较弱的保留；nirogacestat、伐诺司林、地骨皮甲素、H3B-6545和U-73343在His-tag-H1R/CMC柱中保留较好；其余药物在His-tag-H1R/CMC柱没有保留。

表5-1 筛选化合物在H1R/CMC柱上的保留情况

序号	化学成分	保留时间/min
1	NB-598	3.675
2	盐酸伊伐布雷定	4.233
3	TMC353121	5.017
4	扎替雷定	5.017
5	Genz-123346	7.333
6	Nirogacestat	20.308
7	U-73343	26.317
8	地氯雷他定	30.453
9	地骨皮甲素	46.483
10	H3B-6545	51.908
11	伐诺司林	91.267
12	奥替尼啶	-
13	D-Lin-MC3-DMA	-
14	UPCDC-30245	-
15	FR194738	-
16	Dynole 34-2	-
17	PHT-427	-
18	β-生育三烯酚	-
19	BMS-433771	-
20	芬戈莫德	-
21	FGIN1-43	-
22	拉坦前列腺素（游离酸）	-
23	Treprostinil palmitil	-

3. 候选化合物对H1R高表达细胞PLC活性的抑制作用

药物作用于H1R后首先会影响PLC活性，进一步触发下游反应。通过检测候选化合物对PLC活性的抑制作用，发现其中有2个药物（FR194738和地骨皮甲素）的作用明显优于阳性药地氯雷他定，如图5-5所示。然而FR194738在H1R/CMC模型中没有保留，判断其可能并非作用于H1R来发挥作用，因此后续选择地骨皮甲素进行深入研究，探究其与H1R的相互作用及药理活性。

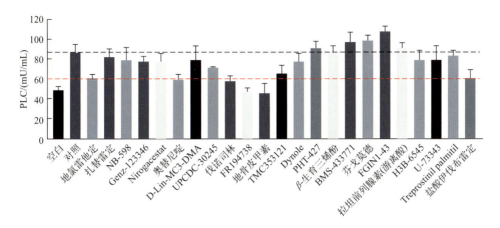

图5-5
筛选化合物对H1R-HEK293T细胞PLC活性的影响

4. 地骨皮甲素结合于H1R的K_D值求解

利用前沿分析法测定地骨皮甲素作用于H1R的强度,选择$8×10^{-8}$ mol/L、$1×10^{-7}$ mol/L、$2×10^{-7}$ mol/L、$4×10^{-7}$ mol/L、$6×10^{-7}$ mol/L、$8×10^{-7}$ mol/L的地骨皮甲素依次注入His-tag-H1R/CMC柱中,经检测得到突破曲线,通过线性拟合得出地骨皮甲素的K_D值为$1.48×10^{-6}$ mol/L,如图5-6所示。

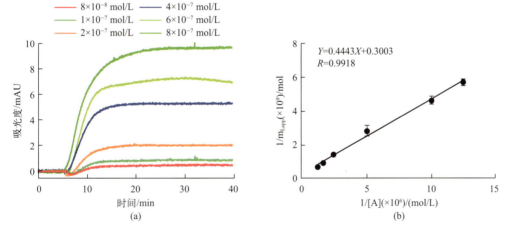

图5-6
前沿分析法测定地骨皮甲素与H1R相互作用的K_D值
(a) 地骨皮甲素在His-tag-H1R/CMC柱中的突破曲线;(b) 地骨皮甲素的$1/m_{Lapp}$ vs $1/[A]$拟合图

5. 地骨皮甲素与H1R的相互作用模拟

利用SEESAR软件对地骨皮甲素进一步进行对接分析,结果表明,地骨皮甲素主要作用于H1R的TM3和TM6区域,并与TM3区域中的SER111位氨基酸及TM6区域中的TYR431位氨基酸产生氢键(图5-7)。

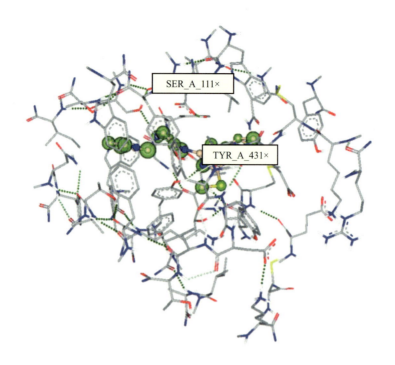

图5-7
地骨皮甲素与H1R作用位点的分子模拟

6. 地骨皮甲素抑制H1R-293T细胞及HUVEC细胞PLC活性

如图5-8（a）、图5-8（b）所示，地氯雷他定抑制H1R-293T细胞PLC活性的IC_{50}值为0.5178 μmol/L，地骨皮甲素抑制H1R-293T细胞PLC活性的IC_{50}值为0.2548 μmol/L，其效果略优于地氯雷他定。图5-8（c）、图5-8（d）结果显示，在HUVEC细胞中，地氯雷他定抑制细胞PLC活性的IC_{50}值为0.3423 μmol/L，而地骨皮甲素抑制细胞PLC活性作用略低于地氯雷他定，其IC_{50}值为0.8499 μmol/L。

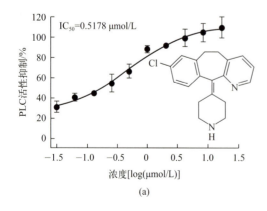
(a)

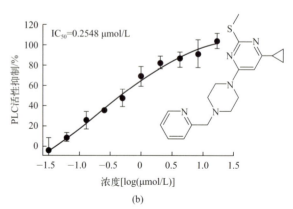
(b)

图5-8

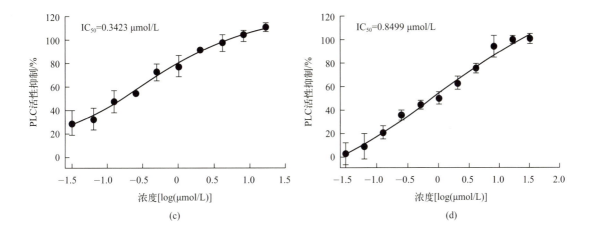

图5-8
地骨皮甲素对于细胞内PLC活性的影响

地氯雷他定（a）和地骨皮甲素（b）对H1R-293T细胞PLC活性的影响；地氯雷他定（c）和地骨皮甲素（d）对HUVEC细胞PLC活性的影响

7. 地骨皮甲素体内抗过敏作用考察

体温实验结果表明，地骨皮甲素可以抑制组胺刺激后小鼠体温的下降，在高浓度下（6.88、13.76 mg/kg）效果更明显，如图5-9（a）所示。进一步选择13.76 mg/kg的地骨皮甲素研究其给药于小鼠6～8 h后血清中细胞因子的释放情况，其中以0.86 mg/kg的地氯雷他定作为对照药物。结果表明地骨皮甲素可以显著抑制血清中MCP-1、IL-8、TNF-α的浓度，如图5-9所示。

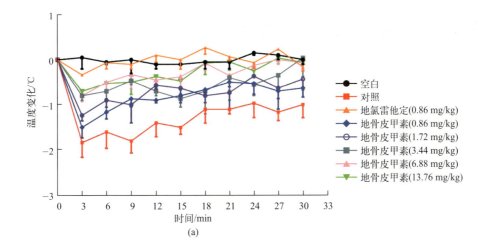

图5-9

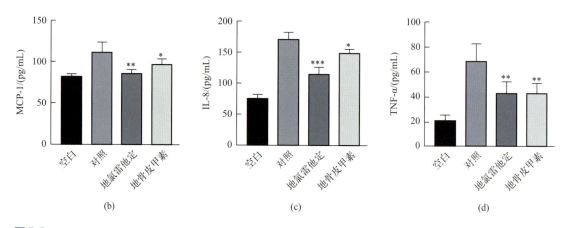

图 5-9
地骨皮甲素对小鼠体温及细胞因子释放的影响
(a) 地骨皮甲素对于组胺引起的小鼠体温下降的改善作用；地骨皮甲素抑制小鼠血清中 MCP-1 (b)、IL-8 (c)、TNF-α (d) 水平。其中 * 表示 $P < 0.05$；** 表示 $P < 0.01$；*** 表示 $P < 0.001$

足趾肿胀实验结果表明，地骨皮甲素可以浓度依赖性地抑制组胺刺激后小鼠足趾肿胀及伊文思蓝的渗出，结果见图 5-10 (a)、图 5-10 (c)、图 5-10 (d)。进一步通过 HE 染色，发现地骨皮甲素可以显著抑制组胺刺激的小鼠脚掌皮肤的毛细血管扩张效应，如图 5-10 (b) 所示。

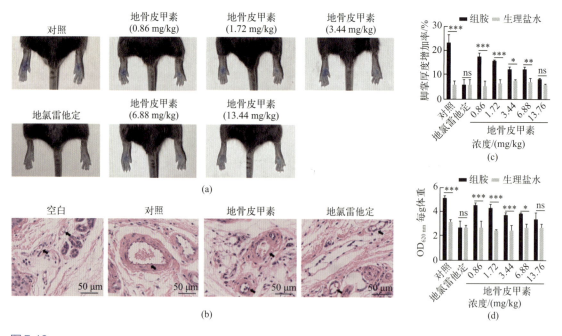

图 5-10
地骨皮甲素对小鼠足趾肿胀的影响
(a) 地骨皮甲素对于组胺引起的小鼠足趾伊文思蓝的渗出的影响，左脚注射组胺，右脚注射生理盐水；(b) 地骨皮甲素抑制小鼠足趾皮肤的毛细血管扩张效应，标尺：50 μm；地骨皮甲素抑制组胺刺激的小鼠脚掌的肿胀率 (c) 和伊文思蓝渗出率 (d) 统计分析图。其中 * 表示 $P < 0.05$；** 表示 $P < 0.01$；*** 表示 $P < 0.001$；ns 表示无显著性差异

(三)小结

CMC/RL-分析仪可用于研究地骨皮甲素与H1R作用特性；分子对接可分析地骨皮甲素与H1R作用域/位点；CMC检测评价进一步明确了地骨皮甲素作用于H1R的相互作用强度（K_D值）；药理活性实验验证了地骨皮甲素通过抑制H1R来抑制PLC活性，阻止毛细血管扩张与渗透作用，从而发挥抗过敏作用。

案例2：新型MrgX2受体拮抗剂——化合物DPU-B1023

本案例应用MrgX2-His-SMALPs/CMC模型筛选发现化合物DPU-B1023作用于MrgX2受体，后经过一系列的分子生物学、细胞生物学和药效学等实验验证，证实化合物DPU-B1023是一种新型的MrgX2受体拮抗剂，并对临床上MrgX2介导的过敏性疾病具有潜在的靶向性治疗作用。

(一)实验方法

1. 实验材料

VS硅胶，化合物DPU-B1023，磷酸氢二钠（Na_2HPO_4），氯化钠（NaCl），碳酸氢钠（$NaHCO_3$），碳酸钠（Na_2CO_3），DMEM，胎牛血清，(R)-ZINC-3573，化合物48/80（C48/80），戊巴比妥钠，氘代组胺，ZX2，fluo-3，pluronic F-127，β-氨基己糖，细胞免疫沉淀缓冲液（CIB）。

2. 溶剂配制

（1）缓冲液A的配制

分别称取0.03 g $NaH_2PO_4 \cdot 2H_2O$，0.29 g $Na_2HPO_4 \cdot 12H_2O$，0.034 g EDTA置于100 mL干净烧杯中，加40 mL去离子水搅拌直至固体完全溶解，调整pH至7.4，最后加去离子水至50 mL，转移至50 mL离心管中，标记名称和日期后置于4℃保存。PMSF现用现加，工作浓度为1 mmol/L。

（2）缓冲液B的配制

分别称取0.121 g Tris碱，0.438 g NaCl，0.034 g EDTA置于干净烧杯中，加45 mL去离子水搅拌直至固体完全溶解，最后加入5 mL甘油，调整pH至8.0。转移至50 mL离心管中，标记名称和日期后置于4℃保存。

3. 实验仪器

CMC/RL-分析仪［天然血管药物筛选与分析国家地方联合工程研究中心研制，悟空科学仪器（上海）有限公司生产］，RPL-10ZD装柱机，Open SPR™，FlexStation® 3酶标仪，LCMS 8040质谱仪，Ti-U型倒置荧光显微镜。

4. 实验条件

（1）MrgX2-His/CMC柱制备

取处于对数生长期、状态良好的His-tag-MrgX2细胞，用胰蛋白酶消化，收集细胞悬液，离心后，去除上清液，用 PBS 缓冲液清洗沉淀两次。使用预冷的缓冲液 A 重悬细胞沉淀，随后置于超声波清洗仪中破碎细胞 30 min。在 4℃下，5000 r/min 离心 5 min，收集上清液。将细胞沉淀用 3~5 mL 缓冲液 A 重悬，将细胞悬液转移至匀浆器中，冰上手动匀浆 20 min。在 4℃下，5000 r/min 离心 5 min，收集上清液。加入 2 mL 缓冲液 A 重悬细胞，用细胞破碎仪破碎细胞悬液，4℃下，5000 r/min 离心 5 min，收集上清液。将三次离心得到的上清液合并，4℃下，12000 r/min 离心 20 min，弃去上清液，称量膜重，计算膜湿重。将细胞膜沉淀以 30 mg/mL 的浓度重悬于缓冲液 B 中，将 SMA 粉末添加至细胞膜重悬液中，使其终浓度为 2.5%。室温下，100 r/min 摇床孵育 2 h。在 4℃下，12000 r/min 离心 20 min，收集上清液，制得 MrgX2-His-SMALPs 混悬液。向混悬液中加入 40 mgVS 硅胶，室温下，100 r/min 摇床孵育 12 h，得 MrgX2-His/CMC-固定相。按照湿法包装程序，使用装柱机将 CMC-固定相装填到 CMC 柱套（10 mm×2.0 mm I.D. 和 3 mm×1.0 mm I.D.）中，制得 CMC 柱。

(2) 色谱条件

流动相为 5 mmol/L 磷酸盐缓冲液，流速为 0.2 mL/min，柱温为 37℃，进样量为 5 μL。检测波长：331 nm（化合物 DPU-B1023）、272 nm [(R)-ZINC-3573]。

(3) K_D 值测定

采用相对标准法测定化合物 DPU-B1023 的 K_D 值。CMC 相对标准方法适用于根据已知参照物的 K_D 值而求得待测化合物的 K_D 值。

将制备好的 MrgX2-His/CMC 柱（10 mm×2.0 mm I.D.）先用纯水平衡 2 h，再用 5 mmol/L 磷酸盐缓冲液平衡。在 5 mmol/L 的 Na_2HPO_4 溶液作为流动相的分析条件下，考察待分析物 DPU-B1023 和参照物 (R)-ZINC-3573 在 CMC 柱上的保留情况，并根据参照物的 K_D 值计算化合物 DPU-B1023 的 K_D 值，计算公式如下：

$$K_{Dx} = \frac{k_s}{k_x} K_{Ds}$$

其中，k_s 为参照物的容量因子；k_x 为分析物的容量因子；K_{Ds} 为参照物的解离平衡常数；K_{Dx} 为分析物的解离平衡常数。本案例采用 CMC 前沿分析法求得参照物 (R)-ZINC-3573 的 K_{Ds} 值，再采用相对标准法求得分析物 DPU-B1023 的 K_{Dx} 值。

(4) CMC 竞争置换实验

制备好的 MrgX2-His/CMC 柱（3 mm×1.0 mm I.D.）上机后，先用

纯水平衡2 h。再以5 mmol/L Na$_2$HPO$_4$作为流动相A平衡色谱柱。将(R)-ZINC-3573以所需最大浓度配制于流动相A中作为流动相B，并按照浓度由低到高进入色谱柱，达到平衡时将DPU-B1023进样分析，观察不同浓度的(R)-ZINC-3573对DPU-B1023保留情况的影响。

（5）MrgX2荧光探针ZX2与DPU-B1023竞争结合实验

将MrgX2-HEK293细胞以1×10^{5}个/孔的密度接种于96孔板中。次日，用Hank's平衡盐溶液（HBSS）稀释ZX2至2 μmol/L，接着，用稀释的ZX2溶液将DPU-B1023配制为所需浓度。向96孔板每孔中加入100 μL不同浓度的DPU-B1023-ZX2溶液，37℃避光孵育40 min。孵育结束后，吸弃上清，每孔加入100 μL HBSS，将96孔板置于酶标仪中，于435 nm激发波长、483 nm发射波长下，选择底读方式，测定孔中细胞的荧光强度。

（6）MrgX2-HEK293细胞钙成像实验

在96孔板中加入50 μL 100 μg/mL的多聚赖氨酸，回收多余液体，使用之前用PBS洗2遍。取处于对数生长期、状态良好的MrgX2-HEK293细胞以10^{4}个/孔的密度均匀接种于96孔板中，接种体积为100 μL/孔，在培养箱中孵育过夜，使细胞贴壁生长。次日，吸弃培养基，用CIB清洗2次，每孔加入50 μL终浓度分别为0 μmol/L、1 μmol/L、5 μmol/L、10 μmol/L的化合物DPU-B1023，孵育30 min，吸弃废液，用CIB清洗2次。每孔加入50 μL CIB，后加入50 μL C48/80刺激细胞（浓度为60 μg/mL），使用荧光显微镜记录细胞荧光强度的动态变化。

（7）计算机辅助分子对接

通过SYBYL-X 2.0，在能量阈值为0.05 kcal/(Å·mol)的条件下，利用Tripos力场和收敛准则的Powell方法对化合物DPU-B1023进行描述和优化，并通过Gasteiger-Hückel方法进行赋值。从蛋白质结构数据库（PDB）下载MrgX2（PDB代码：7S8N）模型，后用SYBYL-X 2.0进行优化，提取配体，去除多余的氨基酸残基，加入氢原子。采用Surflex-Dock (SFXC)模式确定MrgX2与化合物的DPU-B1023的结合模式，使用PyMOL将对接结果可视化。

（8）生物学验证实验

① β-氨基己糖苷酶释放实验：取处于对数生长期、状态良好的过敏性疾病实验室（laboratory of allergy diseases, LAD2）细胞以10^{5}个/孔的密度均匀接种于96孔板中，接种体积为100 μL/孔，在培养箱中培养2 h，使细胞状态稳定。2000 r/min离心5 min，吸弃上清液。向空白对照组加入50 μL TM缓冲液，37℃下培养30 min，随后加入50 μL TM缓冲液，再次孵育30 min。向给药组的细胞每孔加入50 μL含化合物DPU-B1023的TM缓冲液，使化合物

DPU-B1023终浓度分别为0 µmol/L、1 µmol/L、5 µmol/L和10 µmol/L，孵育30 min。后加入50 µL 60 µg/mL的C48/80溶液，继续孵育30 min。空白对照组和给药组孵育完成后，2000 r/min离心5 min，吸取50 µL上清液；吸弃空白对照组剩余上清液，加入Trition-X裂解液，轻轻吹打10次，裂解空白对照组细胞，2000 r/m离心5 min后，得空白对照组裂解上清液。在上清液中每孔加入50 µL 1 mmol/L的β-氨基己醣溶液，孵育90 min。反应完成后每孔加入150 µL终止液，摇晃均匀，以终止反应。在405 nm波长下测定每孔OD值。其计算公式如下：

$$\beta\text{-氨基己糖苷酶释放率} = OD_{给药组} / (OD_{裂解组} + OD_{空白对照组}) \times 100\%$$

② 组胺释放实验：取处于对数生长期、状态良好的LAD2细胞以10^5个/孔的密度均匀接种于96孔板中，接种体积为100 µL/孔，在培养箱中培养2 h，使细胞状态稳定。2000 r/min离心5 min，吸弃上清液。向空白对照组加入50 µL TM缓冲液，37℃下培养30 min后，加入50 µL TM缓冲液，再次孵育30 min。向给药组每孔加入50 µL含化合物DPU-B1023的TM缓冲液，使化合物DPU-B1023终浓度分别为0 µmol/L、1 µmol/L、5 µmol/L和10 µmol/L，孵育30 min。后加入50 µL 60 µg/mL的C48/80溶液，继续孵育30 min。空白对照组和给药组孵育完成后，2000 r/min离心5 min，吸取50 µL上清液，向上清液中加入100 µL作为内标的氘代组胺（5 ng/mL），涡旋混匀，12000 r/min离心20 min，取上清液过滤，进行质谱检测。使用亲水作用液相色谱（HILIC）柱（Venusil HILIC, 2.1 mm×150 mm, 3 µm）在系统上进行组胺测定，用含有0.1%甲酸和20 mmol/L甲酸铵的水和乙腈（体积比20:80），以0.3 mL/min的流速等度洗脱。

组胺含量的计算公式如下：

$$\text{组胺含量}(ng/\mu L) = (A_{组胺}/A_{氘代组胺} - 0.0978)/0.1205$$

其中，$A_{组胺}$为组胺的峰面积；$A_{氘代组胺}$为氘代组胺的峰面积。

③ 细胞因子释放实验：取处于对数生长期、状态良好的LAD2细胞以10^5个/孔的密度均匀接种于96孔板中，接种体积为100 µL/孔，在培养箱中培养2 h，使细胞状态稳定。2000 r/min离心5 min，吸弃上清液。向空白对照组加入100 µL培养基，37℃下孵育6 h。以浓度为30 µg/mL的C48/80的培养基配制化合物DPU-B1023溶液，向给药组每孔加入100 µL化合物DPU-B1023溶液，使化合物DPU-B1023终浓度分别为0 µmol/L、1 µmol/L、5 µmol/L和10 µmol/L，37℃下孵育6 h。离心后，取各孔上清液100 µL。按照ELISA试剂盒说明书进行细胞因子释放的测定。

（9）类过敏反应实验

① 小鼠类过敏反应1：将小鼠随机分为2组（每组5只）。使用混合溶剂（DMSO-C_2H_5OH-PEG400-H_2O，体积比为1∶9∶50∶40）配制不同浓度的化合物DPU-B1023溶液（0.1 mg/mL、0.5 mg/mL、1.0 mg/mL）。向给药组每只小鼠灌胃给药0.2 mL化合物DPU-B1023溶液。阳性组每只小鼠灌胃给药混合溶剂（0.2 mL/20 g）。2 h后，用50 mg/kg的戊巴比妥钠对小鼠进行麻醉。随后给每只小鼠以0.2 mL/20 g的剂量尾静脉注射0.4%伊文思蓝染色液（生理盐水溶解）。用游标卡尺测量小鼠左右脚掌厚度，记录给药前脚掌厚度。使用微量注射器向小鼠左脚注射5 μL C48/80溶液（60 μg/mL），向右脚注射5 μL生理盐水作为阴性对照。15 min后，再次测量脚掌厚度，记录注射后脚掌厚度。处死小鼠，足部拍照。剪下后肢，分别装入1.5 mL EP管中，按编号和左右进行标记，置于烘箱烘干后称重并记录。每管加入0.4 mL丙酮-生理盐水（7∶3）混合液。剪碎组织，超声30 min，离心（12000 r/min，20 min），取0.2 mL上清液加入96孔板中，于620 nm波长处使用酶标仪检测吸光度。

② 小鼠类过敏反应2：将小鼠随机分为3组（每组5只），即阳性组、给药组以及空白对照组。给药组每只小鼠灌胃给药0.2 mL化合物DPU-B1023溶液（1 mg/mL），阳性组和空白对照组每只小鼠灌胃给药0.2 mL前述混合溶剂。灌胃给药2 h后，用50 mg/kg的戊巴比妥钠对小鼠进行麻醉。向给药组和阳性组小鼠脚掌注射5 μL 60 μg/mL的C48/80溶液，空白对照组注射5 μL 0.9%生理盐水。注射15 min后，处死小鼠，从关节处轻轻剪下脚掌整块皮肤，并将其浸泡在4%组织固定液中，染色前置于4℃保存。皮肤经固定、石蜡包埋、切片、脱蜡、染色、脱水、透明、封片后，置于显微镜下观察并拍照记录。

③ 小鼠体温实验：将小鼠随机分为3组（每组5只）。阳性组和空白对照组小鼠灌胃给药0.2 mL混合溶剂。给药组小鼠灌胃给药0.2 mL化合物DPU-B1023溶液（10 mg/kg）。2 h后，阳性组和给药组小鼠尾静脉注射0.2 mL 100 μg/mL的C48/80溶液，空白对照组小鼠尾静脉注射0.2 mL生理盐水，然后使用生物功能实验系统记录小鼠体温，隔5 min检测一次，持续检测30 min。

④ 小鼠血清组胺测定：将小鼠随机分为3组（每组5只）。阳性组和空白对照组小鼠灌胃给药0.2 mL混合溶剂。给药组小鼠分别灌胃给药0.2 mL化合物DPU-B1023溶液（1 mg/kg、5 mg/kg、10 mg/kg）。2 h后阳性组和给药组小鼠尾静脉注射0.2 mL 100 μg/mL的C48/80溶液，空白对照组注射0.2 mL生理盐水。60 min后，每只小鼠眼球取血约600 μL，将血液放于含有1%肝素钠的EP管中，0℃保存。采集完成后，离心，将上清液转移至干净的EP管中，加入内标物氘代组胺（上清液与内标物的体积比为1∶2），混匀，离心，吸取

上清液 150 μL，过滤，进行质谱检测。组胺含量的计算公式如下：

$$组胺含量（ng/μL）=(A_{组胺}/A_{氘代组胺}-0.0978)/0.120$$

式中，$A_{组胺}$ 为组胺的峰面积；$A_{氘代组胺}$ 为氘代组胺的峰面积。

（10）过敏性疾病小鼠模型实验

① 过敏性鼻炎小鼠模型：将小鼠随机分为6组（每组6只），分别为空白组、模型组、阳性组（地塞米松，5 mg/kg）、给药组（2.5 mg/kg、5 mg/kg和10 mg/kg的化合物DPU-B1023）。模型组、阳性组和给药组均在第0、7、14天腹腔注射卵清蛋白（OVA，250 μg/mL）。第21天开始每天双侧滴鼻OVA（10 mg/mL）激发，共激发10天。其中，第24天阳性组、给药组开始灌胃（DPU-B1023）和滴鼻（地塞米松与DPU-B1023）给药；模型组、空白组给予等体积生理盐水。第31天OVA激发结束后，记录各组小鼠在10 min内的抓挠和喷嚏行为。随后处死小鼠，采集血清和鼻组织。ELISA检测血清细胞因子含量；鼻组织切片，考察鼻黏膜炎性变化。

② 过敏性哮喘小鼠模型：将小鼠随机分为5组（每组6只），分别为空白组、模型组、阳性组（地塞米松，5 mg/kg）、给药组（5 mg/kg和10 mg/kg的化合物DPU-B1023）。模型组、阳性组和给药组均在第0、7、14天腹腔注射OVA铝佐剂（50 μg/mL OVA + 氢氧化铝溶液）。第21天开始隔天进行雾化吸入1% OVA激发，共激发7次。每次激发前1 h阳性组给予地塞米松，给药组灌胃给药化合物DPU-B1023；模型组、空白组给予等体积生理盐水。末次激发结束后24 h内，检测小鼠肺功能；采集血清及肺泡灌洗液，ELISA检测血清和肺泡灌洗液中细胞因子含量及灌洗液中淋巴细胞数量；肺组织切片，考察肺部炎症浸润、黏液分泌和胶原沉积。

（二）实验结果

1. 化合物DPU-B1023与MrgX2结合特性分析

（1）化合物DPU-B1023在MrgX2-His/CMC柱上的保留情况

结果如图5-11所示，化合物DPU-B1023在MrgX2-His/CMC高通量筛选细胞膜色谱柱上有良好保留，保留时间为96.89 min。

（2）化合物DPU-B1023与MrgX2结合的 K_D 值分析

本案例实验采用相对标准法确证化合物DPU-B1023与MrgX2的相互作用。实验结果如图5-12所示，(R)-ZINC-3573在MrgX2-His/CMC高通量筛选细胞膜色谱柱上的保留时间为17.63 min，由文献查得，(R)-ZINC-3573与MrgX2的相对 K_D 值为 7.2×10^{-7} mol/L，计算得出化合物DPU-B1023的相对 K_D 值为 1.2×10^{-7} mol/L。

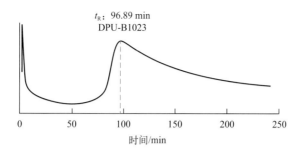

图5-11
化合物DPU-B1023在MrgX2-His/CMC柱上的保留行为

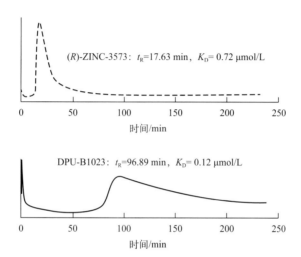

图5-12
(R)-ZINC-3573和化合物DPU-B1023在MrgX2-His/CMC柱上的保留行为及K_D值

（3）化合物DPU-B1023与(R)-ZINC-3573的竞争置换

细胞膜色谱的竞争置换实验是一种基于竞争结合理论来考察化合物与参考物结合位点一致性的方法。为进一步验证化合物DPU-B1023与(R)-ZINC-3573竞争实验的准确性，通过MrgX2-His/CMC竞争置换法，考察化合物DPU-B1023与(R)-ZINC-3573的结合位点的一致性。实验结果如图5-13所示，随着(R)-ZINC-3573浓度的增大，化合物DPU-B1023的保留时间不断前移，表明(R)-ZINC-3573能与化合物DPU-B1023竞争结合MrgX2上的同一位点。

（4）化合物DPU-B1023与荧光探针ZX2的竞争结合作用

为进一步确证化合物DPU-B1023与(R)-ZINC-3573在MrgX2上结合位点的一致性，本实验用制备的以(R)-ZINC-3573为识别基团的荧光探针ZX2与化合物DPU-B1023开展竞争实验。结果见图5-14，加入化合物DPU-B1023后，ZX2荧光强度减弱，表明化合物DPU-B1023与ZX2在MrgX2上有相同的结合位点，化合物DPU-B1023与MrgX2的K_i为$(4.816±1.043)$ μmol/L。

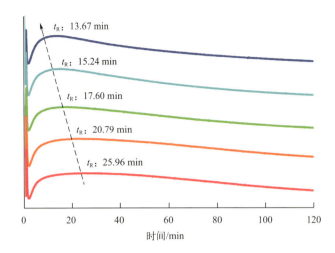

图5-13
化合物DPU-B1023与不同浓度的(R)-ZINC-3573竞争置换的保留曲线和保留时间
(R)-ZINC-3573的浓度从下至上为0 mol/L、1×10⁻⁸ mol/L、2.5×10⁻⁸ mol/L、5×10⁻⁸ mol/L和1×10⁻⁷ mol/L

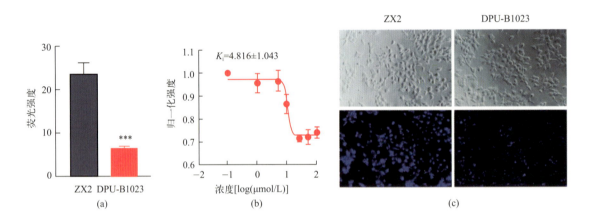

图5-14
化合物DPU-B1023与荧光探针ZX2的竞争结合作用

（5）化合物DPU-B1023抑制MrgX2-HEK293细胞钙调动

化合物DPU-B1023对C48/80引起的MrgX2-HEK293细胞钙调动的结果如图5-15（a）和（b）所示，C48/80可以引起MrgX2-HEK293细胞内钙离子浓度升高，用化合物DPU-B1023对MrgX2-HEK293细胞预处理，再用C48/80进行刺激，可以观察到MrgX2-HEK293细胞中钙离子浓度以剂量依赖性方式降低。实验结果表明化合物DPU-B1023能够抑制C48/80引起的MrgX2-HEK293细胞内钙动员。

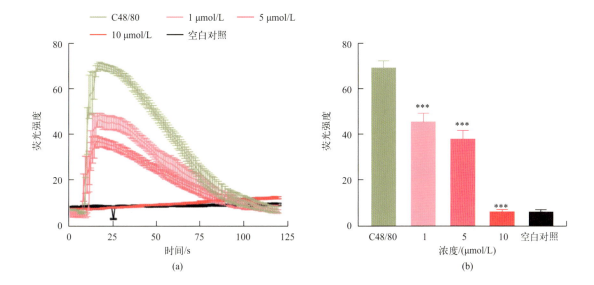

图 5-15
化合物 DPU-B1023 抑制 MrgX2-HEK293 细胞中 C48/80 诱导的钙动员

（6）化合物 DPU-B1023 与 MrgX2 结构相互作用

分子对接技术常用于预测配体和受体之间的结合位点和结合亲和力。如图 5-16（a）所示，化合物 DPU-B1023 和 (R)-ZINC-3573 在 MrgX2 的相同空腔内具有良好的结合。图 5-16（b）中，化合物 DPU-B1023 通过 TRP243 与 MrgX2 形成距离为 1.8 Å 的 1 个关键氢键。

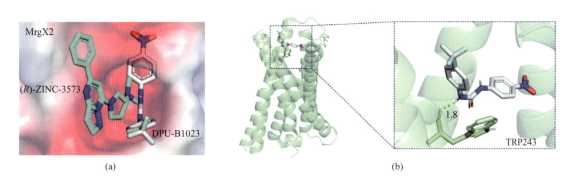

图 5-16
化合物 DPU-B1023 和 (R)-ZINC-3573 与 MrgX2 作用模式分析

2. 化合物 DPU-B1023 抑制类过敏反应

（1）化合物 DPU-B1023 抑制肥大细胞脱颗粒

为了研究化合物 DPU-B1023 对 LAD2 细胞脱颗粒的抑制作用，实验检测了 β-氨基己糖苷酶和组胺的释放。如图 5-17（a）所示，用化合物

DPU-B1023（1 μmol/L、5 μmol/L和10 μmol/L）对细胞预处理可以显著地抑制C48/80诱导的β-氨基己糖苷酶的释放，并且抑制作用与浓度相关。图5-17（b）表明化合物DPU-B1023抑制β-氨基己糖苷酶释放的IC_{50}值为（0.17±0.03）μmol/L。如图5-17（c）所示，用化合物DPU-B1023对细胞预处理也可以剂量依赖性抑制C48/80引起的组胺释放。实验结果表明化合物DPU-B1023可以抑制MrgX2介导的肥大细胞脱颗粒反应。肥大细胞长期激活会产生细胞因子和趋化因子，于是接下来检测了化合物DPU-B1023对C48/80引起的IL-8释放的影响。如图5-17（d）所示，随着化合物DPU-B1023浓度的增加，IL-8释放量逐渐减少，表明化合物DPU-B1023可以剂量依赖性地抑制C48/80引起的LAD2细胞IL-8的释放。

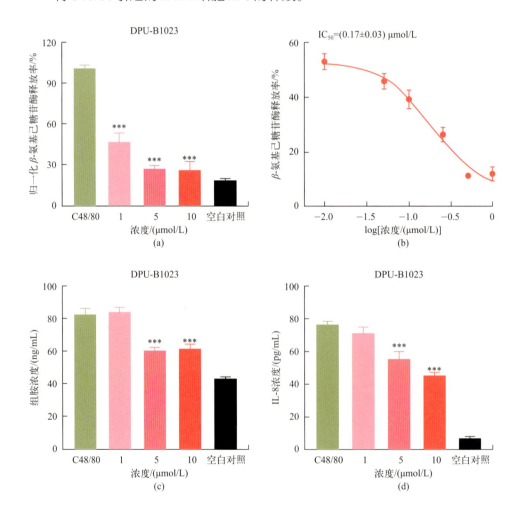

图5-17
化合物DPU-B1023抑制C48/80引起的LAD2细胞脱颗粒
（a）归一化的β-氨基己糖苷酶释放率；（b）化合物DPU-B1023抑制β-氨基己糖苷酶释放的IC_{50}值；（c）化合物DPU-B1023抑制组胺释放；（d）化合物DPU-B1023抑制IL-8释放；与阳性组（C48/80）相比，***$P<0.001$

（2）化合物DPU-B1023抑制小鼠局部过敏反应

小鼠的MrgB2与人类的MrgX2基因同源，可以介导肥大细胞活化，进而引发脱颗粒和类过敏反应。在本实验中，灌胃给予化合物DPU-B1023之后，采用C48/80刺激小鼠足趾皮肤，小鼠发生类过敏反应时，通过考察小鼠脚掌肿胀率、单位重量的伊文思蓝渗出降低情况和脚掌皮肤肥大细胞染色情况分析化合物DPU-B1023抑制小鼠局部过敏反应的程度。结果如图5-18所示，C48/80刺激小鼠后，小鼠左右脚掌肿胀及伊文思蓝渗出差异最大的是阳性组；从图5-18（b）中可以看出，化合物DPU-B1023给药浓度为1 mg/kg、5 mg/kg和10 mg/kg时，结果与阳性组相比均有统计学差异，且小鼠脚掌厚度增加率呈剂量依赖性；从图5-18（c）中可以发现，当化合物DPU-B1023给药浓度为5 mg/kg和10 mg/kg时能够引起小鼠脚掌伊文思蓝渗出下降。

甲苯胺蓝（TB）为碱性染料，可与肥大细胞释放的过敏介质结合而显示为蓝色颗粒，通过染色可明显观察到肥大细胞的脱颗粒情况。在给药浓度为10 μmol/L时小鼠脚掌皮肤的甲苯胺蓝染色结果如图5-18（d）所示，给药组肥大细胞周围嗜碱性颗粒的释放与阳性（C48/80）组相比，明显减少并且分布范围显著缩小。结果提示，给药DPU-B1023后皮肤组织中肥大细胞脱颗粒明显减弱。

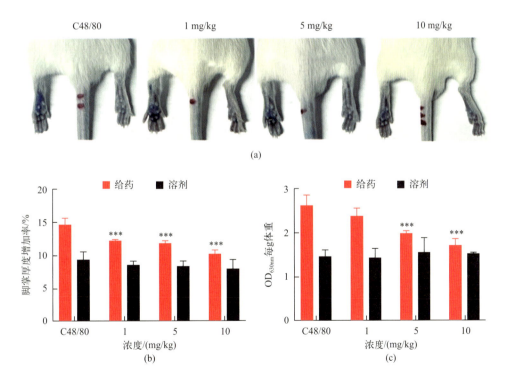

图5-18

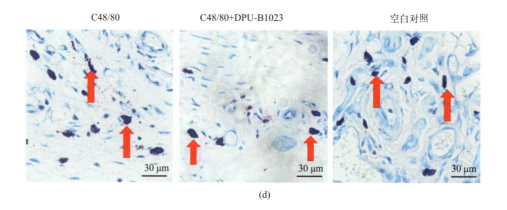

图 5-18
化合物 DPU-B1023 抑制 C48/80 引起的小鼠局部过敏反应
(a) 小鼠局部过敏反应代表性图片；(b) 小鼠足趾肿胀情况；(c) 小鼠伊文思蓝渗出情况；(d) 小鼠足趾 TB 染色切片结果。与 C48/80 组相比，***$P<0.001$（$n=5$）

综上所述，化合物 DPU-B1023 在一定浓度下可抑制 C48/80 引起的小鼠局部类过敏反应。

（3）化合物 DPU-B1023 抑制小鼠全身类过敏反应

类过敏反应发生时，肥大细胞活化导致组胺等致敏介质释放。经 C48/80 刺激后，小鼠发生类过敏反应，当化合物 DPU-B1023 给药浓度为 1、5 和 10 mg/kg 时，如图 5-19（a）所示，小鼠血清组胺释放有不同程度的降低，且呈剂量依赖性。结果表明，化合物 DPU-B1023 可抑制 C48/80 引起的小鼠血清组胺释放。

化合物 DPU-B1023 对 C48/80 引起的体温下降的影响如图 5-19（b）所示，注射 C48/80 后，阳性组（C48/80）小鼠体温在 5 min 内迅速下降，30 min 内小鼠体温没有完全恢复。用化合物 DPU-B1023（10 mg/kg）处理的小鼠中，体温下降程度显著减轻，并且体温在 30 min 内逐渐恢复。这些结果表明化合物 DPU-B1023 对 C48/80 引起的体温下降具有预防和缓解的作用。

综上所述，小鼠血清组胺释放实验和体温变化实验结果表明，化合物 DPU-B1023 可有效抑制 C48/80 刺激后小鼠血清组胺的释放和体温降低，能有效缓解 C48/80 引起的小鼠全身类过敏反应。

3. 化合物 DPU-B1023 缓解过敏性疾病

（1）化合物 DPU-B1023 缓解小鼠过敏性鼻炎

对 OVA 造模小鼠的鼻部抓挠次数进行记录。结果表明，OVA 能够导致小鼠强烈且明显的鼻部抓挠。阳性药地塞米松滴鼻后小鼠鼻部抓挠次数减少；滴鼻给药效果弱于灌胃，但 5 mg/kg 和 10 mg/kg 的化合物 DPU-B1023 均能显著改善小鼠鼻部抓挠（图 5-20）。

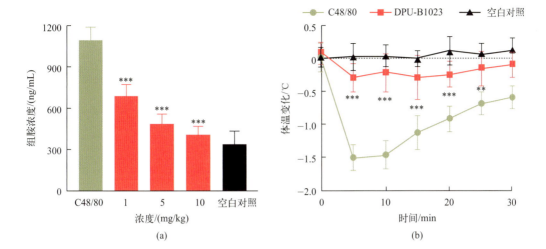

图 5-19
化合物 DPU-B1023 抑制 C48/80 引起的小鼠全身性过敏反应
(a) 小鼠血清组胺浓度统计图; (b) 小鼠体温变化统计图。与阳性组 (C48/80) 相比, $**P<0.01$, $***P<0.001$ ($n=5$)

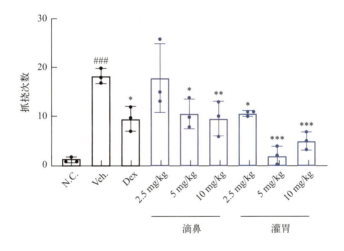

图 5-20
化合物 DPU-B1023 减轻 OVA 引起的小鼠鼻部抓挠
N.C.——空白对照; Veh.——溶剂; Dex——地塞米松

（2）化合物 DPU-B1023 缓解小鼠过敏性哮喘

对小鼠肺组织进行固定，切片，分别采用 HE、MASSON 和过碘酸希夫（PAS）染色对小鼠肺部炎性浸润、胶原沉积和粘液分泌情况进行研究。结果表明，OVA 能够导致强烈的小鼠肺部炎性浸润、胶原沉积和粘液分泌。化合物 DPU-B1023 和地塞米松（Dex）均能够显著抑制小鼠肺部炎性浸润、胶原沉积和粘液分泌，如图 5-21 所示。其中，10 mg/kg 的化合物 DPU-B1023 缓解肺部炎症的效果优于阳性药地塞米松。

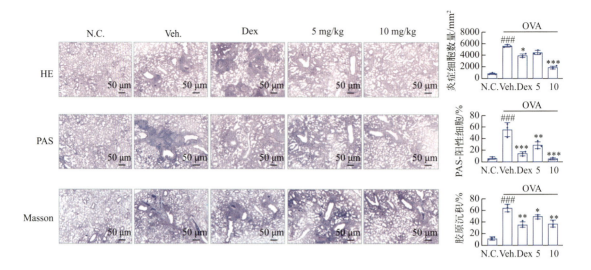

图 5-21
化合物 DPU-B1023 减轻 OVA 引起的小鼠肺部炎性变化

  利用 Flexivent 系统考察 OVA 引起的肺部炎症小鼠在乙酰甲胆碱刺激后气道高反应性的变化情况，从而评价化合物 DPU-B1023 对小鼠过敏性哮喘的改善作用。结果如图 5-22 所示，N.C. 组小鼠没有明显的气道高反应性。随着乙酰甲胆碱浓度增大，Veh. 组小鼠气道高反应性明显加剧。地塞米松几乎完全抑制乙酰甲胆碱引起的小鼠气道高反应性；化合物 DPU-B1023 能够抑制小鼠气道高反应性。

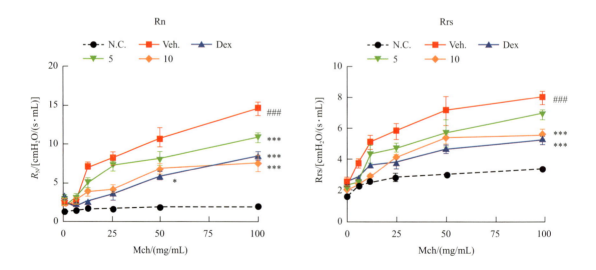

图 5-22

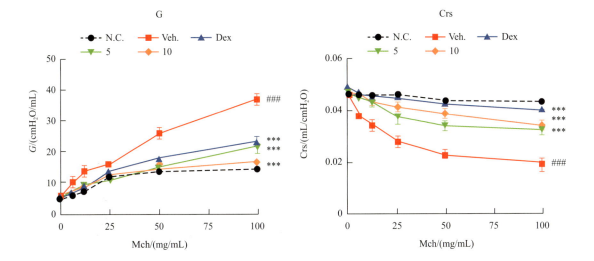

图5-22

化合物DPU-B1023抑制乙酰甲胆碱引起的小鼠气道高反应性

Mch—乙酰甲胆碱，R_N—气道牛顿阻力，Rrs—呼吸阻力，G—组织阻力，Crs—静态顺应性

  ELISA检测小鼠血清IgE含量及肺泡灌洗液（BALF）中IL-5和IL-13的含量。结果如图5-23所示，5 mg/kg和10 mg/kg的化合物DPU-B1023均能减少血清IgE含量，但效果劣于地塞米松，提示化合物DPU-B1023治疗过敏性哮喘并非通过IgE途径发挥作用，而是存在其他途径，即MrgX2。对肺泡灌洗液中的细胞进行爬片和瑞氏-吉姆萨染色，显微镜下观察计数发现地塞米松和化合物DPU-B1023均能减少嗜酸性粒细胞、中性粒细胞和总细胞数目，其中10 mg/kg化合物DPU-B1023的效果优于地塞米松。

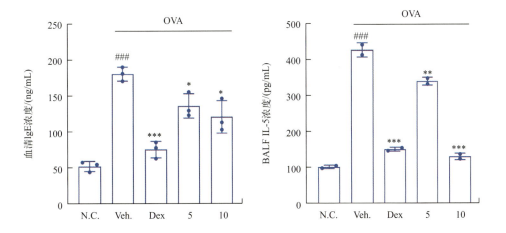

图5-23

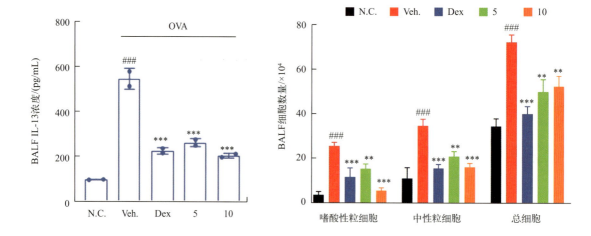

图 5-23
化合物DPU-B1023抑制过敏性哮喘小鼠血清和肺泡灌洗液的炎症因子分泌和细胞募集

(三) 小结与思考

本案例基于CMC/RL-分析仪，采用MrgX2-His/CMC柱，发现了与MrgX2受体具有强结合力的化合物DPU-B1023，并通过体内外药理学研究验证了该化合物可拮抗MrgX2，缓解类过敏反应，治疗过敏性疾病。该案例表明CMC/RL-分析仪以及CMC技术是发现受体拮抗剂先导物的一种高效方法。

第三节
2D/CMC-分析仪

2D/CMC-分析仪由一维CMC-分析单元、二维分离/分析单元以及智能分析系统等组成，主要用于复杂体系中目标物的快速识别检测。

一、分析仪设计

2D/CMC-分析仪的流路如图5-24所示。

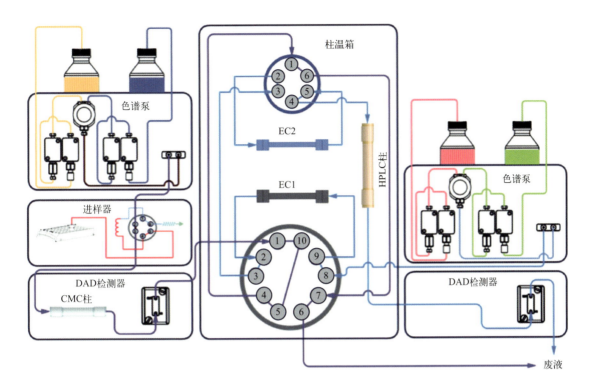

图 5-24
2D/CMC-分析仪流路示意图

二、工程化样机

2D/CMC-分析仪的工程化样机见图 5-25。

图 5-25
2D/CMC-分析仪工程化样机

三、主要单元

（一）CMC-分析单元

CMC-分析单元是2D/CMC-分析仪的第一维单元，主要用于从复杂样本中识别目标物，而且对微量或痕量组分具有富集作用。由于CMC模型具有仿生学特性，被识别的目标组分将具有相关的生物活性，这种对组分同步进行"活性"定性的功能，将对复杂药物的质量控制提供理论依据。

（二）分离/分析单元

分离/分析单元是2D/CMC-分析仪的第二维色谱体系，将对一维单元获得的目标组分为主体的流分，进行进一步的分离和分析。

（三）智能分析系统

2D/CMC-分析仪的智能分析系统充分体现了专门化和个性化的特点，主要包括专业数据库、对照品库、学习模型和支持系统等。

四、识别分析法

一般将被测物质（tested substance）视为"目标物"（target substance），在一个组成相对复杂的样品中，如果被测物质的绝对量或相对比例较低，要对其进行定性或定量检测，难度就较大，甚至有"神仙难辨"之说。实际中，药品、食品和保健品等的检验检测本身就很复杂，如果样品再来源于生物系统（血液、体液等）、自然动植物（中药材等）以及深度加工品（化妆品等），就构成了一个典型的复杂体系，用现有分析方法完成"目标物"检测是有极大挑战性的。

识别分析法是基于CMC技术配体-受体特异性相互作用特性，而建立的一种从复杂体系中定性、定量检测目标物的方法。其原理（图5-26）如下：

由此可见，利用细胞膜色谱的识别分析法，通过2D/CMC-分析仪，可极大地降低样品复杂性对分离的要求。样品中微量甚至痕量的"目标物"，通过一维CMC-分析单元识别与富集，可以获得以"目标物"为主体的"简单样品"，切换到二维HPLC系统，就能够快速进行"目标物"的定性、定量分析。

（一）有害物质检测

药品、食品、保健品以及化妆品等在生产、运输、储存与使用过程中，由

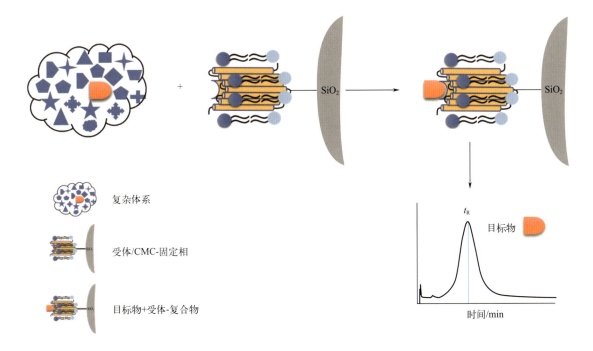

图 5-26
识别分析法原理示意图

于多种因素,都会存在一些其他物质或杂质,这些物质超过一定量的限度就会引发不良反应。另外还存在人为添加法律法规不允许使用的物质,构成非法添加现象,从而引发更加严重的不安全性等。

肥大细胞是类过敏反应发生的关键细胞,MrgX2 为最新发现的肥大细胞上与类过敏反应相关的重要靶受体,MrgX2 在人树突细胞、嗜碱性粒细胞及肥大细胞上广泛表达,可被多种内源及外源介质活化,引发类过敏反应。所以,利用 MrgX2/CMC 模型及其方法可以对药品中引起类过敏反应的物质进行检测分析。

(二)有效物质发现

药物的主要来源包括化学合成、天然药用植物以及生物技术合成等,从不同来源的海量化合物中筛选发现药效物质,从来都是一项艰巨的系统工程。所以,高效的药物发现技术、方法和工具一直是人们所追求的。

五、实际应用

案例:MrgX2-Halo-tag/CMC 模型建立及桑白皮组分筛选

Halo 标签(Halo-tag)是一种由 *Haloferax volcanii* 细菌的脱卤素酶

(haloalkane dehalogenase)改造而成的蛋白质标签，分子质量约为33 kD，具有独特的结构特征和亲和力，已经成为一种研究蛋白质和基因的有效工具。本案例利用Halo标签构建MrgX2-Halo-tag/CMC模型，用于中药桑白皮中抗类过敏组分的筛选。

（一）实验方法

1. 实验材料

DMEM，StemPro-34培养基，人干细胞因子，L-谷氨酰胺，胎牛血清（FBS），青链霉素（100×），胰蛋白酶，磷酸盐缓冲液（PBS），三（羟甲基）氨基甲烷（Tris），N,N-二异丙基乙胺（DIPEA），柠檬酸钠，柠檬酸，特布他林，盐酸苯海拉明，盐酸青藤碱，化合物48/80（C48/80），组胺，氘代组胺，二甲基亚砜（DMSO），乙腈（CH_3CN，色谱级），甲醇（CH_3OH，色谱级），甲酸（HCOOH，质谱级），氯化钠（NaCl），氯化钾（KCl），七水合硫酸镁（$MgSO_4 \cdot 7H_2O$），6-氯己酸，磷酸氢二钠（Na_2HPO_4），桑白皮，桑根酮C，桑根皮素，N,N-二甲基甲酰胺（DMF），对硝基苯-2-乙酸胺-2-脱氧-β-D-吡喃葡萄糖苷，2-(7-氧化苯并三氮唑)-N,N,N',N'-四甲基脲六氟磷酸酯（HATU）。

2. 实验仪器

2D/CMC-分析仪［天然血管药物筛选与分析国家地方联合工程研究中心研制，悟空科学仪器（上海）有限公司生产］，LCMS-8040、GCMS-TQ8050 NX［岛津仪器（苏州）有限公司］。

3. 实验条件

（1）MrgX2-Halo-tag细胞的构建和验证

MrgX2-Halo-tag稳转细胞株由广州赛业生物科技有限公司提供，在MrgX2基因的C端插入Halo-tag基因，得到融合蛋白基因，利用慢病毒包装、转染、抗性筛选后得到MrgX2-Halo-tag稳转细胞株。随后验证细胞中目标受体MrgX2的表达。

（2）MrgX2-Halo-tag/CMC-SP的制备

① 氯代烷烃修饰硅胶（SiO_2-Cl）的制备：通过酰化反应对氨基硅胶进行氯代烷烃的修饰。称取1.6 g HATU于100 mL圆底烧瓶内，加入40 mL DMF使其溶解，接着加入400 μL 6-氯己酸和700 μL DIPEA，搅拌并加入5 g氨基硅胶（SiO_2-NH_2）（型号：Innoval，5 μm，100 Å，3.5%碳载量），补加10 mL DMF，室温磁力搅拌4 h后，过滤，用超纯水清洗至滤液pH为中性后将滤饼收集至表面皿中，于37℃烘干12 h，得到氯代烷烃修饰硅胶（SiO_2-Cl）。

② MrgX2-Halo-tag/CMC-SP的制备：待MrgX2-Halo-tag细胞在培养皿中

长满，用胰蛋白酶消化并转移到离心管中，离心后弃去培养基。细胞沉淀用PBS混悬，4℃下1000g离心10 min，重复清洗两次后弃去PBS，加入Tris-HCl低渗缓冲液（pH = 7.4），冰上超声30 min后匀浆10 min。4℃下1000g离心10 min，将上层细胞膜溶液转移至新的离心管中，4℃下12000g离心20 min，得到细胞膜沉淀。细胞膜沉淀用生理盐水重悬后，用细胞破碎仪破碎细胞膜混悬液，功率设置为200 W，每次工作3 s后停1 s，重复工作6次，然后将细胞膜溶液缓慢添加到0.04 g SiO_2-Cl中。于37℃振荡（1500 r/min）孵育，孵育完成后，用PBS清洗3次，洗去未结合的细胞膜，得到MrgX2-Halo-tag/CMC-SP。

4. 固定相表征

（1）X射线光电子能谱（XPS）表征

分别称取适量上述制备的SiO_2-NH_2、SiO_2-Cl和MrgX2-Halo-tag/CMC-SP粉末，将铝箔用干净的镊子对折后，展开，在一面的中间贴上约1 cm×1 cm的双面胶，将样品用药匙平铺至双面胶上，对折铝箔，用简易油压机压片，当加压至约10 MPa时等待10 s，卸压，取出压片，进行XPS分析。对样品的C、N、O、Si、P、Cl这六种元素进行测定分析，得到全谱图和元素的精细谱图。

（2）SEM表征

为直观地观察上述MrgX2-Halo-tag/CMC-SP的制备情况，利用场发射扫描电镜（SEM）、TEM对SiO_2-NH_2、SiO_2-Cl和MrgX2-Halo-tag/CMC-SP粉末进行表征。SEM拍摄前样品制备具体如下：先制备MrgX2-Halo-tag/CMC-SP，然后将其置于37℃烘箱中干燥过夜，将SiO_2-NH_2、SiO_2-Cl和MrgX2-Hlo-tag/CMC-SP粉末分别固定在样品底座上并喷金后进行SEM分析，在测量电压为2 kV、放大倍数为5000倍和12000倍的条件下观察两种样品的表面形貌变化。

5. 桑白皮抗类过敏组分筛选

（1）2D/CMC-方法学验证

将构建的MrgX2-Halo-tag/CMC模型与HPLC-MS系统联用，用于筛选桑白皮中潜在的活性成分。第一维系统为MrgX2-Halo-tag/CMC模型。第二维HPLC-MS分离鉴定系统为LCMS-8040液相色谱质谱联用仪。两者通过一个六通二位切换阀和一个Shim-pack VP-ODS富集柱连接在一起。

桑白皮提取物的筛选分析色谱条件如下。

第一维系统MrgX2-Halo-tag/CMC模型中，流动相为含10%异丙醇的50 mmol/L磷酸盐缓冲液，流速为0.3 mL/min。Inert Sustain C_{18}色谱柱（2.1 mm×150 mm I.D.，5 μm，GL Science，Japan）用来分离样品。第二维系

统中，液相色谱流动相A为0.1%甲酸-水，流动相B为乙腈，采用梯度洗脱对桑白皮提取物进行分离，具体梯度程序为，0～50 min：20%～80%B；50～55 min：80%～100%B；55～60 min：100%B。总流速为0.3 mL/min。质谱条件为：雾化气体和干燥气体均为N_2（纯度>99.99%），流速分别为3.0 L/min和15.0 L/min；接口为ESI源；去溶剂管线温度设置为250℃；加热块温度保持在400℃；界面电压为4.5 kV；接口电流为4.7 μA；检测器电压设置为1.72 kV；碰撞诱导解离（CID）气体为Ar（纯度>99.99%），压力为230 kPa；采用正负离子扫描模式，扫描的m/z范围是50～1000。

用盐酸青藤碱对第二维系统的适用性进行验证，具体步骤如下：将盐酸青藤碱作为阳性对照用来验证上述二维系统的适用性。向第一维系统MrgX2-Halo-tag/CMC模型进样盐酸青藤碱（1 mmol/L）后，通过阀切换将保留组分富集在C_{18}富集柱上，然后再将保留组分切换到二维HPLC-MS系统进行进一步的分析鉴定，获得保留组分的CMC图、二维色谱图和质谱信息。将盐酸青藤碱对照品直接用第二维HPLC-MS系统分析获得色谱图和质谱信息作为对比参照。

（2）抗类过敏组分的识别与鉴定

利用验证过的MrgX2-Halo-tag/CMC-HPLC-MS二维联用系统对桑白皮提取物溶液进行分析，将在MrgX2-Halo-tag/CMC模型上出现明显保留的组分富集切换后进一步分离鉴定，推断出保留组分中的具体成分，最后通过这些成分的对照品对筛选分离鉴定的结果进行验证。

（3）抗类过敏活性验证

① β-氨基己糖苷酶释放实验：将LAD2细胞接种到96孔板上（每孔$5×10^4$个细胞），孵育2 h后离心（2000g，5 min）除去培养基。用TM缓冲液配制系列浓度的待考察药物，然后向实验组和阳性对照组每孔加入待考察药物，向空白对照组每孔加入TM缓冲液，每孔给药体积为50 μL。在培养箱中孵育30 min后，向实验组和阳性对照组每孔加C48/80溶液（50 μL/孔，终浓度为30 μg/mL）；向空白对照组每孔加50 μL TM缓冲液。再次孵育30 min后离心（2000g，5 min），每孔吸取50 μL上清液转移到新孔中。吸弃空白对照组各孔中剩余的上清液，用0.1% Triton X-100（100 μL/孔）裂解，离心，收集50 μL裂解液上清液。接着在所有上清液中加入50 μL β-氨基己糖苷酶底物，37℃下孵育90 min。最后加入Na_2CO_3/$NaHCO_3$终止液终止反应（150 μL/孔），用酶标仪检测每孔405 nm处的光密度（OD）值。β-氨基己糖苷酶释放率按各孔上清液中含量占总含量的百分比计算，总含量为空白对照组孔上清液中含量与相应裂解孔含量的总和。

② 组胺释放实验：将LAD2细胞接种到96孔板中（每孔$5×10^4$个细胞），在细胞培养箱中孵育2 h使细胞稳定后离心（2000g，5 min）除去培养

基。提前用 TM 缓冲液配制系列浓度待考察药物，然后向实验组和阳性对照组每孔加入待考察药物，向空白对照组每孔加入 50 μL TM 缓冲液。在培养箱中孵育 30 min 后，向实验组和阳性对照组的孔加入 C48/80 溶液（50 μL/孔，终浓度为 30 μg/mL）；向空白对照组每孔加入 50 μL TM 缓冲液。再次孵育 30 min 后离心（2000g，5 min），每孔吸取 50 μL 上清液转移到新离心管中，每管加入 100 μL d_4-组胺的内标溶液（5 ng/mL 溶解在乙腈中），涡旋后离心（12000g，20 min），吸取上清液至进样瓶。通过实验室之前建立的 LC-MS/MS 方法对释放的组胺进行定量。方法使用 Venusil HILIC 色谱柱（150 mm× 2.1 mm I.D.，3 μm），流动相为乙腈和甲酸铵（20 mmol/L）-0.1% 甲酸水溶液（体积比 80:20），流速为 0.3 mL/min。

（二）实验结果

利用 Halo-tag 技术构建 MrgX2-Halo-tag/CMC 模型时，将 Halo-tag 融合表达在 MrgX2 的胞内 C 端，将胞外区域尽可能完整地暴露出来，以期得到更稳定的 CMC 模型用于 MrgX2 的配体筛选和配体-受体相互作用分析。具体示意图见图 5-27，利用基因工程将含有 MrgX2-Halo-tag 融合基因的重组质粒转染到工具细胞 HEK293 中，进而筛选得到细胞膜上稳定高表达 MrgX2-Halo-tag 的 HEK293 细胞（简称 MrgX2-Halo-tag 细胞），然后利用匀浆、差速离心等方式获得 MrgX2-Halo-tag 细胞膜，将其与氯代烷烃修饰的硅胶（SiO$_2$-Cl）反应制备得到 MrgX2-Halo-tag/CMC-SP，进而填装成色谱柱连接进液相色谱系统，构建得到基于 MrgX2 的新的融合靶点 CMC 模型，即 MrgX2-Halo-tag/CMC 模型。

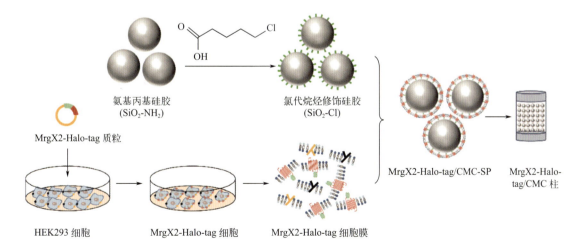

图 5-27
MrgX2-Halo-tag/CMC 模型构建示意图

1. MrgX2-Halo-tag/CMC-SP 的表征

（1）XPS 表征

利用 XPS 分析了 SiO_2-NH_2、SiO_2-Cl 和 CMC-SP 表面的元素变化，结果如图 5-28 所示，图 5-28（a）为 SiO_2-NH_2、SiO_2-Cl 和 CMC-SP 的全谱图；相较于 SiO_2-NH_2，SiO_2-Cl 谱图中在 200.4 eV 处出现明显的氯元素的特征峰，具体如图 5-28（d），说明了氯代烷烃的成功修饰。而与 SiO_2-Cl 相比，CMC-SP 谱图中 N 元素显著升高，如图 5-28（b），同时在 134.1 eV 处出现磷元素的特征峰，如图 5-28（c）。

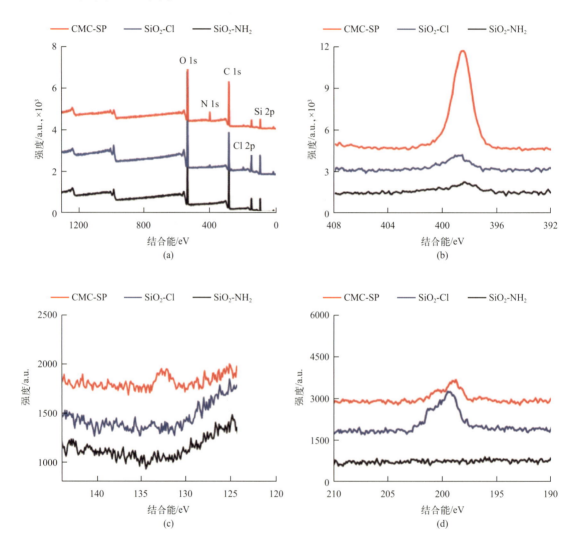

图 5-28
MrgX2-Halo-tag/CMSP 制备过程中 SiO_2-NH_2、SiO_2-Cl 和 CMC-SP 的 XPS 谱图
(a) X 射线光电子能谱全谱图；(b)、(c) 和 (d) 分别为 N 元素、P 元素和 Cl 元素的谱图

（2）SEM表征

为了更好地观察MrgX2-Halo-tag/CMC-SP制备过程中硅胶表面的形貌变化，对SiO_2-NH_2、SiO_2-Cl和MrgX2-Halo-tag/CMC-SP进行了SEM和TEM表征。SEM表征结果如图5-29，与SiO_2-NH_2相比，SiO_2-Cl的表面并没有发生很明显的变化，如图5-29（d）和5-29（e），这是因为SiO_2-NH_2与6-氯己酸小分子的反应对硅胶表面的影响较小；而与SiO_2-Cl相比，MrgX2-Halo-tag/CMC-SP的硅胶表面明显覆盖了一层膜状物，如图5-29（f）；同时，可以观察到硅胶颗粒之间出现粘连，如图5-29（c），这都是由于硅胶表面固定了细胞膜。值得一提的是，由于利用Halo-tag和底物的特异性化学键合来固定细胞膜，所以在进行电镜表征前，MrgX2-Halo-tag/CMC-SP可以经过冷冻干燥，或者37℃过夜干燥后再表征，而靠物理吸附作用固定的CMC-SP在表征时需要直接观察湿润样品，因为干燥的过程中硅胶对细胞膜的物理吸附作用会降低，这使得最后拍出的图像中出现细胞膜的卷起和脱落。

2. MrgX2-Halo-tag/CMC特异性

使用三种与不同受体有特异性结合的药物来考察MrgX2-Halo-tag/CMC模型的特异性。特布他林和盐酸苯海拉明分别是$β_2$肾上腺素受体激动剂和H1R

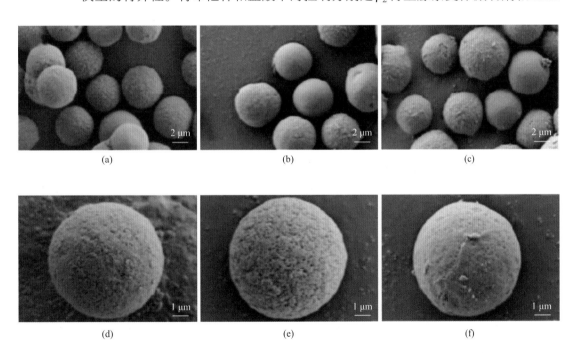

图5-29
MrgX2-Halo-tag/CMC-SP制备过程中SiO_2-NH_2、SiO_2-Cl和CMC-SP的扫描电镜图
(a)、(d)为SiO_2-NH_2；(b)、(e)为SiO_2-Cl；(c)、(f)为MrgX2-Halo-tag/CMC-SP；其中(a)、(b)和(c)放大倍数为5000倍，(d)、(e)和(f)放大倍数为12000倍

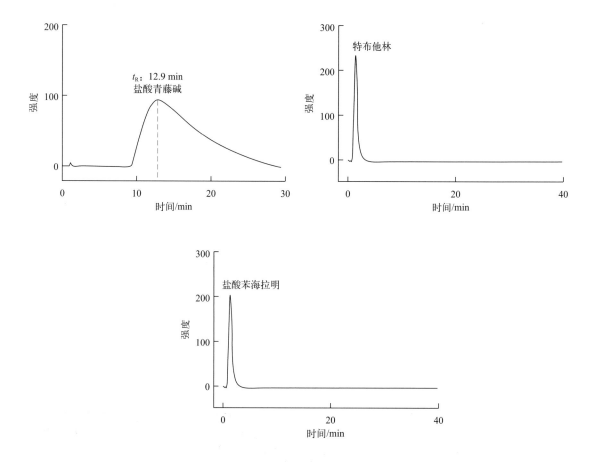

图 5-30
MrgX2-Halo-tag/CMC柱的选择性考察

拮抗剂，作为阴性药物。盐酸青藤碱可激动MrgX2受体，作为阳性药物。如图 5-30 所示，盐酸青藤碱在 MrgX2-Halo-tag/CMC 柱上表现出明显的保留特征，保留时间为 13.75 min，盐酸苯海拉明和特布他林则没有保留，出峰时间分别为 1.01 min 和 0.91 min。结果证明 MrgX2-Halo-tag/CMC 模型在识别与 MrgX2 相互作用的组分方面表现出良好的选择性。

3. MrgX2-Halo-tag/CMC模型识别特性

首先，使用盐酸青藤碱溶液对整个筛选系统进行验证，结果如图 5-31 所示。在 MrgX2-Halo-tag/CMC 柱上有保留的部分R在富集柱上富集，然后通过阀门切换到HPLC系统分析，得到的C_{18}色谱柱上的保留时间［图5-31（b）］与不连接 MrgX2-Halo-tag/CMC 柱的二维系统分析的盐酸青藤碱对照品溶液的结果［图5-31（c）］完全一致。以上结果表明整个二维筛选系统适用于筛选、分离和识别与 MrgX2 相互作用的潜在活性成分。

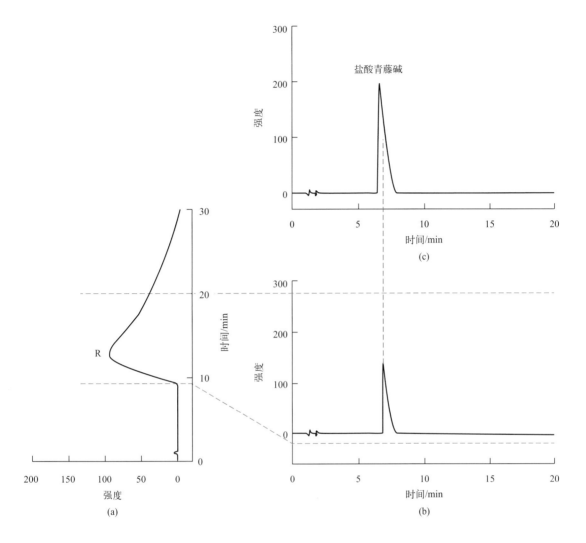

图 5-31
盐酸青藤碱在 MrgX2-Halo-tag/CMC 二维系统上的分析结果
(a) 盐酸青藤碱 CMC 图;(b) 一维保留组分 R 切换后的二维色谱图;(c) 盐酸青藤碱直接进样色谱图

利用 MrgX2-Halo-tag/CMC-HPLC 二维系统分析制备的桑白皮提取物样品,结果如图 5-32 所示。图 5-32(a)中可以看出桑白皮提取物样品在 MrgX2-Halo-tag/CMC 柱上出现两个明显的保留组分 R_1 和 R_2,分别经 HPLC 分离后,两个组分中各有一个主要成分,分别为峰 1 和峰 2,如图 5-32(b)。然后,将 MrgX2-Halo-tag/CMC 柱替换成二通,用该二维系统分析桑白皮提取物样品,即将提取物中所有成分富集后切换至第二维系统进行分离鉴定,得到的色谱图如图 5-32(c)。根据两个峰在 C_{18} 色谱柱上的出峰时间及相对高度,推断峰 1 和峰 2 分别为桑根酮 C 和桑根皮素,具体结构如图 5-32(b)。

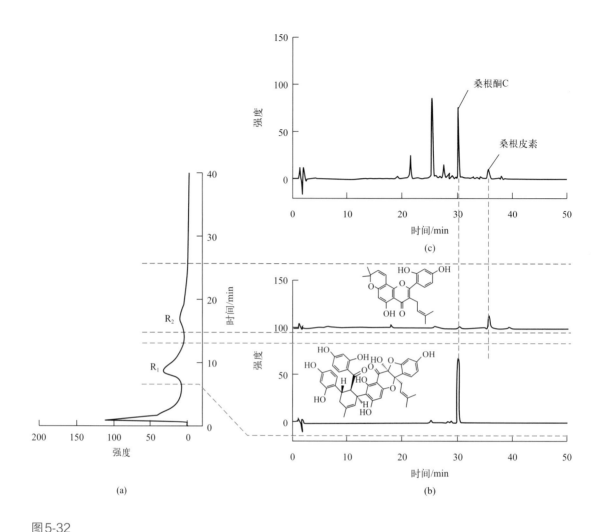

图 5-32
桑白皮提取物在 MrgX2-Halo-tag/CMC-HPLC 二维系统上的分析结果
(a) 桑白皮提取物溶液 CMC 图；(b) 一维保留组分 R_1 和 R_2 分别切换后的色谱图；(c) 桑白皮提取物样品直接进样色谱图

为验证上述筛选、分离、鉴定结果，用 MrgX2-Halo-tag/CMC-HPLC 二维系统分析桑根酮 C 和桑根皮素的混合对照品溶液，结果如图 5-33 所示。从图 5-33（a）中可以看出，混合对照品溶液在 MrgX2-Halo-tag/CMC 柱上相同的位置也出现了两个明显的保留组分 R_1 和 R_2，分别经 HPLC 分离得到两个成分峰 1 和峰 2，峰 1 和峰 2 在同一根 C_{18} 色谱柱的保留时间与图 5-32 中峰 1 和峰 2 的保留时间完全一致。与桑白皮提取物中的峰 1 和峰 2 一致，结果说明上述筛选、分离、鉴定结果是可靠的，利用 MrgX2-Halo-tag/CMC-HPLC 二维系统分析得知桑白皮中潜在的抗类过敏活性成分为桑根酮 C 和桑根皮素。

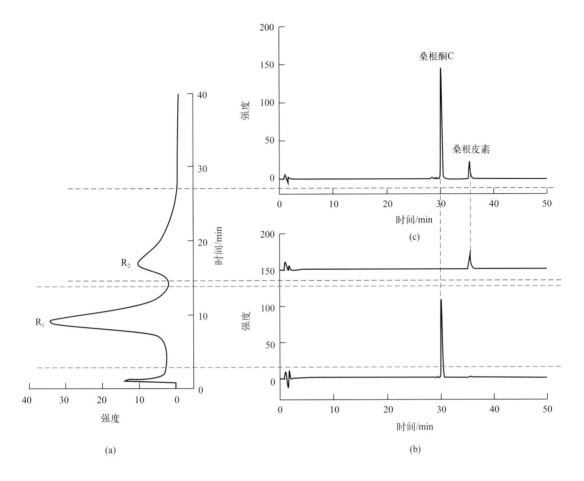

图 5-33
桑根酮 C 和桑根皮素混合对照品溶液在二维系统上的分析结果
(a) 桑根酮 C 和桑根皮素的 CMC 图;(b) 一维保留组分 R_1 和 R_2 分别切换后的色谱图;(c) 混合对照品直接进样的色谱图

4. 2D/CMC 分析方法与生物活性相关性

在不影响细胞活力的浓度范围内分别用两种药物进行 β-氨基己糖苷酶和组胺释放实验,以确定桑根酮 C 和桑根皮素是否能抑制 C48/80 诱导的 LAD2 细胞脱颗粒。实验结果如图 5-34 所示,当用桑根酮 C(2～12 μmol/L)或桑根皮素(10～40 μmol/L)预处理后,C48/80 诱导的 LAD2 细胞 β-氨基己糖苷酶和组胺释放均受到抑制。以上结果表明桑根酮 C 和桑根皮素具有抗类过敏活性,也说明了上述 MrgX2-Halo-tag/CMC 模型用于筛选潜在抗类过敏活性组分的方法是可靠、有效的。

(三) 小结

本案例首次构建了 MrgX2-Halo-tag/CMC-SP,可用于靶向 MrgX2 的小分子配体的筛选分析,可从中药复杂体系中寻找更有效的拮抗剂,结果表明

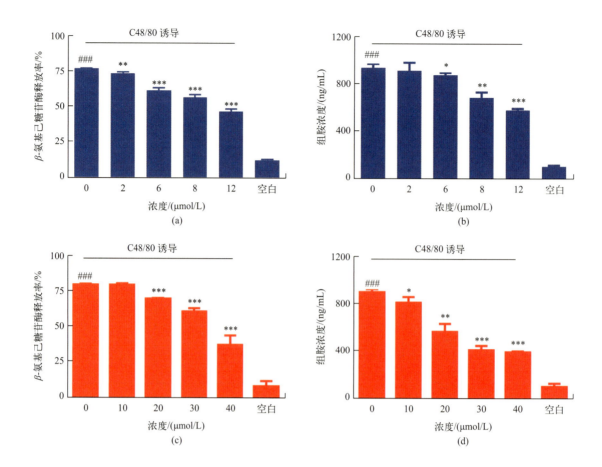

图 5-34
桑根酮 C 和桑根皮素对 C48/80 诱导的 LAD2 细胞 β-氨基己糖苷酶和组胺释放的影响

(a)、(b) 为系列浓度桑根酮 C 对 C48/80 诱导的 LAD2 细胞 β-氨基己糖苷酶、组胺释放的影响；(c)、(d) 为系列浓度桑根皮素对 C48/80 诱导的 LAD2 细胞 β-氨基己糖苷酶、组胺释放的影响；其中 * 表示 $P<0.05$；** 表示 $P<0.01$；*** 表示 $P<0.001$

2D/CMC 分析方法获得的有效组分，与其生物活性有较强的相关性，为发现抗类过敏有效候选药物和研究类过敏反应作用机制提供了新的思路与方法。

第四节
CMC-气体分析仪

CMC-气体分析仪由大气采样器、颗粒物收集器、气体收集器、CMC-检测单元以及智能分析系统等组成，主要用于大气中"目标物"的快速识别检测。

一、分析仪设计

CMC-气体分析仪的流路如图5-35所示。

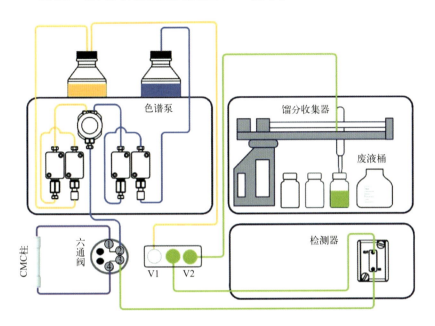

图5-35
CMC-气体分析仪流路示意图

二、工程化样机

CMC-气体分析仪的工程化样机如图5-36所示。

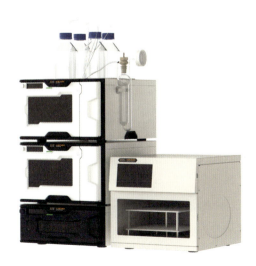

图5-36
CMC-气体分析仪工程化样机

三、主要部件

（一）大气采样器

用 Congar CCZ5 型便携式防爆恒流（中流量）大气采样器收集空气样本，参数设置为标准状况 0℃，流速为 5.0 L/min 左右。通过软管与气体收集器的采样泵入口连接，提供动力。

（二）颗粒物收集器

大气中存在多种尺寸的颗粒物，有些颗粒物可能对人体有害。颗粒物收集器对大气中一定粒径的颗粒物进行阻隔并收集，一般用有机溶剂或水在超声条件下洗脱，备用。

（三）气体收集器

通过颗粒物收集器后的大气样本，采用下进上出的方式经过气体收集器，并被吸收液溶解，吸收液一般为水相与有机相按一定比例混合。

（四）CMC-检测单元

由靶受体 CMC-识别柱、色谱泵、检测器、样品收集器和智能分析系统等组成，主要检测大气样本吸收液中的"目标物"，并进行初步的定性分析，以及后续的 GC-MS 分析。

（五）智能分析系统

CMC-气体分析仪的智能分析系统主要支持对挥发性物质的分析，尤其是对引发疾病的有害组分的检测，包括相关数据库、标准物库、学习模型和气象信息等。

四、实际应用

案例：沙蒿中挥发性致敏成分的采集与分析

沙蒿（*Artemisia desertorum* Spreng. Syst. Veg.）为菊科蒿属的多年生草本植物，其枝条匍匐生长，有利于防风阻沙。20 世纪 50 年代起，我国北方地区开始大面积人工种植沙蒿，由于品种的单一性，过敏性疾病如过敏性哮喘、过敏性鼻炎、过敏性结膜炎等，严重影响着当地人民的身心健康。2022 年起，贺浪冲教授团队深入榆林地区，开始对过敏性鼻炎的过敏原、治疗药物及检测仪器进行了基础性研究，发现了蒿属植物中挥发性类过敏组分可能引发过敏性鼻炎，为过敏性鼻炎的临床治疗与防控奠定了基础。

（一）材料与方法

1. 实验材料

2,4-二叔丁基苯酚（纯度97%）、邻二甲苯（纯度98%）、间二甲苯（纯度98%）、月桂烯（纯度≥90.0%）、别罗勒烯（纯度95%）、三氯乙醛（纯度99%）和伊文思蓝均购自上海麦克林生化科技股份有限公司；化合物48/80（C48/80）购自西格玛奥德里奇（上海）贸易有限公司。

2. 样本采集与处理

2023年8~11月，在陕西省榆林市常住人口数（超过90万人）最大的区县设定了5个空气样本采集点，包括小纪汗、刀则湾、闫庄则、王则湾和河滨公园，其中小纪汗、刀则湾为黑沙蒿高密度区域，闫庄则、王则湾为黑沙蒿低密度区域，河滨公园为无黑沙蒿区域。使用Congar CCZ5型便携式防爆恒流（中流量）大气采样器收集空气样本，空气样本收集容器中装有10 mL二氯甲烷和40 mL的蒸馏水。大气采样器的流速为4.2 L/min，每个样品收集4 h（相当于每个黑沙蒿种植区空气样品收集了1 m^3的空气）。

二氯甲烷相样本经无水硫酸钠干燥，0.22 μm微孔滤膜过滤后进行分析；水相样本取8 mL，用2 mL二氯甲烷萃取，无水硫酸钠干燥，0.22 μmol/L微孔滤膜过滤后进行分析。

3. 实验仪器

CMC-过敏性气体分析仪[天然血管药物筛选与分析国家地方联合工程研究中心研制，悟空科学仪器（上海）有限公司生产]，GCMS-TQ8050 NX[岛津仪器（苏州）有限公司]。

4. 实验条件

（1）MrgX2-His /CMC模型的构建

将MrgX2-His-HEK293细胞加入低渗液，超声制备细胞膜悬液，加入SMA提取膜蛋白，制得MrgX2-His-SMALPs混悬液。MrgX2-His-SMALPs与乙烯砜键合硅胶室温反应制得CMC-固定相。湿法装柱得MrgX2-His /CMC柱（10 mm×2.0 mm，5 μm）。

（2）GC-MS条件

色谱条件：色谱柱为SH-I-5Sil MS毛细管柱（30 m×0.25 mm×0.25 μm）；载气为氦气；不分流进样；进样口温度为250℃；气化温度为250℃；进样量为1 μL；溶剂延迟3 min；程序升温，柱温80℃保持3 min，以10℃/min升至110℃保持3 min，再以10℃/min升至210℃保持3 min，再以10℃/min升至230℃保持2 min。

质谱条件：电离方式为EI；离子源温度为230℃；四极杆温度为150℃；接口温度为280℃；质量范围为50~550 m/z；电离能量为70 eV。

(3)β-氨基己糖苷酶释放实验

将LAD2细胞接种至96孔板（10^5个/孔细胞），接种体积为100 μL，2000 r/min离心5 min，弃上清，每孔加入100 μL含不同浓度药物的TM缓冲液，阳性对照组加入100 μL C48/80溶液，终浓度为30 μg/mL，空白对照组加入相同体积的TM缓冲液，37℃孵育30 min。2000 r/min离心5 min，分别吸取50 μL给药组、阳性对照组和空白对照组上清液至新的96孔板，得到给药组、阳性对照组和空白对照组上清液。吸弃96孔板中空白对照组剩余上清液，加入0.1% Triton X-100裂解细胞，4℃下2000 r/min离心5 min，得到裂解组上清液。上清液中加入50 μL 1 mmol/L的β-氨基己糖，置于37℃培养箱内孵育90 min，加入150 μL 0.1 μmol/L Na_2CO_3/$NaHCO_3$终止液（pH=10）终止反应。将96孔板置于室温摇床上摇晃混匀2 min，在酶标仪405 nm波长下测定OD值。

(4) 小鼠血清组胺测定

将体重为18~22 g的成年雄性昆明小鼠随机分为给药组（尾静脉注射200 μL 2 mg/L的2,4-二叔丁基苯酚、空气样本潜在致敏成分混合物）、空白对照组和阳性对照组（100 μg/mL C48/80溶液），每组5只。给药后30 min，每只小鼠眼球取血约600 μL，将血液放于含有1%肝素钠的EP管中，0℃保存。采集完成后，离心（12000 r/min，20 min），取上清液至干净的EP管中，加入内标物氘代组胺（上清液与内标物体积比为1:2），混匀，离心，吸上清液150 μL，过滤，进行质谱检测。

(5) 小鼠足趾肿胀实验

将体重为18~22 g的成年雄性昆明小鼠随机分为给药组（0.5 mg/mL、1 mg/mL、2 mg/mL的2,4-二叔丁基苯酚、榆林市空气样本中潜在致敏成分混合物，混合物由各个空气样品中潜在致敏成分按照平均值比值进行混合，用Mix表示）和阳性对照组（30 μg/mL的C48/80溶液）。腹腔注射200 μL 6%的水合氯醛溶液，15 min后尾静脉注射200 μL 0.4% 伊文思蓝溶液。测量小鼠左、右脚掌的厚度（L_a、R_a）。15 min后，分别注射5 μL 相应浓度的药物溶液和生理盐水于左、右脚掌，15 min后，将小鼠脱颈处死，再次测量左、右脚掌厚度（L_b、R_b），并对其后肢左、右脚掌进行拍照记录。沿肘关节处剪下脚趾，放于EP管中，标记编号，烘干，称重（W）。向EP管中加入400 μL 70%丙酮-生理盐水，剪碎脚掌组织并超声破碎，离心，吸取上清液，在620 nm处测定OD值。

(6) TB染色测定

在注射药物几分钟后，收集小鼠的脚掌皮肤并在4%甲醛中固定至少24 h。将固定的组织包埋在石蜡中并切片。组织用甲苯胺蓝染色。然后将切片用无水乙醇脱水并用二甲苯透化。

（7）小鼠体温测定

将体重为 18~22 g 的成年雄性昆明小鼠随机分为给药组（尾静脉注射 200 μL 2 mg/L 的 2,4-二叔丁基苯酚、空气样本潜在致敏成分混合物）、空白对照组和阳性对照组（100 μg/mL C48/80 溶液），每组 5 只。在给药前，将小鼠固定，此时小鼠的肛温为初始体温。尾静脉注射 200 μL 相应药物后，每 5 min 测量一次体温，并记录小鼠体温变化。

（二）实验结果

1. 空气样本中潜在致敏成分筛选鉴定

首先利用 CMC-过敏性气体分析仪对空气样本进行潜在致敏成分筛选，如图 5-37（a）所示，空气样本在 MrgX2-His/CMC 柱中的保留时间为 2.10 min，即空气样本中存在潜在致敏成分。进一步利用 GC-MS 对存在的潜在致敏成分进行分析，鉴定出 10 种挥发性成分，如图 5-37（b）所示，分别是 2,4-二叔丁基苯酚、间二甲苯、邻二甲苯、对甲基苯甲醛、苯甲醇、2,6,10-三甲基十二烷、2,6,11-三甲基十二烷、十四烷、二十一烷、3,4-二甲基苯胺（表 5-2），其中 2,4-二叔丁基苯酚和二甲苯的含量相对较高。

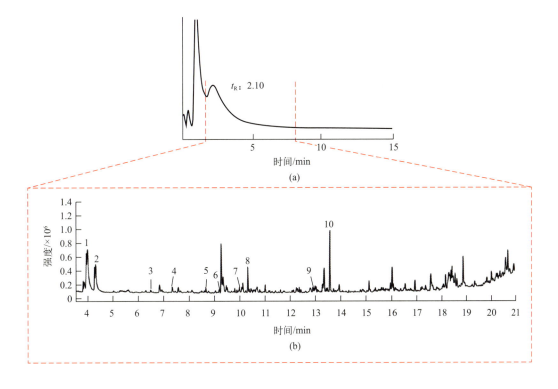

图 5-37
空气样本中潜在致敏成分的筛选鉴定
（a）空气样本在 MrgX2-His/CMC 柱中的保留图；（b）空气样本的 GC-MS 鉴定图谱

表5-2 空气样本中的成分及成分的相对含量

序号	化学成分	保留时间/min	峰面积/%	保留指数
1	间二甲苯	3.999	15.03	907
2	邻二甲苯	4.321	9.9	907
3	苯甲醇	6.51	0.4	1036
4	对甲基苯甲醛	7.345	0.74	1095
5	3,4-二甲基苯胺	8.665	0.62	1219
6	十四烷	9.185	0.52	1413
7	2,6,10-三甲基十二烷	9.905	0.63	1419
8	2,6,11-三甲基十二烷	10.325	2.48	1320
9	二十一烷	12.915	0.28	2009
10	2,4-二叔丁基苯酚	13.585	6.73	1555

空气样本中的组分大多为芳香类化合物和烷烃类化合物，这两类化合物都是挥发性有机污染物的主要组成类型。在本案例所鉴定出的成分中，2,4-二叔丁基苯酚、间二甲苯、邻二甲苯、对甲基苯甲醛、苯甲醇和3,4-二甲基苯胺属于芳香类化合物；2,6,10-三甲基十二烷、2,6,11-三甲基十二烷、十四烷、二十一烷属于烷烃类化合物。上述化合物通常具有挥发性质，炼焦、石油化工、染料、制药、农药、油漆等工业及化石燃料的燃烧排放物是环境中芳香烃及烷烃主要的人为来源，自然界有些植物、细菌等也能产生上述化合物。

利用建立的高表达MrgX2的细胞膜色谱模型（MrgX2-His/CMC），对空气样本中的成分进行保留行为研究。结果表明，空气样本中含量较高的2,4-二叔丁基苯酚、邻二甲苯、间二甲苯，在MrgX2-His/CMC模型上保留显著[图5-38（a）]，其中2,4-二叔丁基苯酚与MrgX2相互作用最强。进一步通过肥大细胞β-氨基己糖苷酶释放实验筛选具有潜在致敏活性的成分。结果表明，2,4-二叔丁基苯酚、邻二甲苯、间二甲苯和对甲基苯甲醛在200 μmol/L浓度下均能显著诱导LAD2细胞释放β-氨基己糖苷酶。其中，2,4-二叔丁基苯酚对LAD2细胞β-氨基己糖释放的影响最为显著，如图5-38（b）所示。

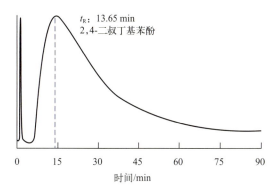
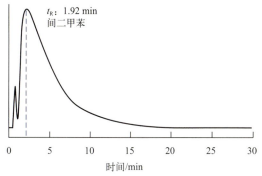
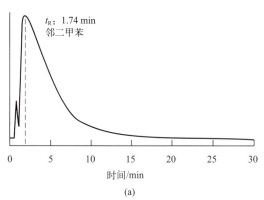
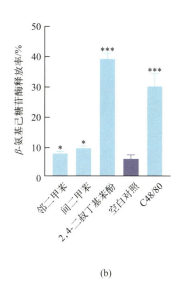

(a)   (b)

图 5-38
空气样本中潜在致敏成分的筛选及初步活性评价
(a) 空气样本中三个组分的CMC图; (b) 三个保留组分引发LAD2细胞释放过敏介质的情况

2. 空气样本中致敏成分的致敏活性评价

为了考察致敏成分的致敏作用,首先测定了2,4-二叔丁基苯酚、间二甲苯、邻二甲苯的含量,如表5-3所示,三者中2,4-二叔丁基苯酚的含量最高,此外2,4-二叔丁基苯酚对肥大细胞β-氨基己糖苷酶释放的影响最显著,因此后续实验选择2,4-二叔丁基苯酚为空气样本中代表性致敏成分进行体外、体内活性评价。

表5-3 空气样本中致敏成分的线性范围、回归方程和相关系数

化合物	线性范围/(μg/mL)	回归方程	相关系数	均值 ± 标准误差
邻二甲苯	0.05000 ~ 3.420	$y=650521.6x - 16852.07$	0.9995	4.802±0.2688
间二甲苯	0.05000 ~ 3.380	$y=679870.4x + 5509.358$	0.9997	6.835±0.4934
2,4-二叔丁基苯酚	0.07800 ~ 20.00	$y=319271.9x - 131576.4$	0.9976	20.94±0.3420

2,4-二叔丁基苯酚可在体外引起LAD2细胞脱颗粒，导致β-氨基己糖苷酶和组胺呈剂量依赖性释放，而榆林市空气样本中致敏成分混合物（Mix 1）只有在浓度为100 μmol/L时才显著诱导肥大细胞脱颗粒，如图5-39（a）和图5-39（b）所示。甲苯胺蓝染色结果显示2,4-二叔丁基苯酚以及Mix 1在浓度为2 mg/mL时均能诱导小鼠肥大细胞脱颗粒，如图5-39（e）所示。此外，2,4-二叔丁基苯酚［图5-39（c）］在浓度大于0.5 mg/mL时能够显著引起小鼠足趾肿胀和伊文思蓝渗出，空气样本［图5-39（d）］中致敏成分混合物（Mix 2）在浓度大于1 mg/mL时能够显著引起小鼠足趾肿胀和伊文斯蓝渗出。结果表明，2,4-二叔丁基苯酚以及空气样本中致敏成分混合物在所设浓度范围内能够剂量依赖性地诱导小鼠足趾伊文思蓝渗出和足趾肿胀，且空气中主要起到致敏作用的成分是2,4-二叔丁基苯酚。

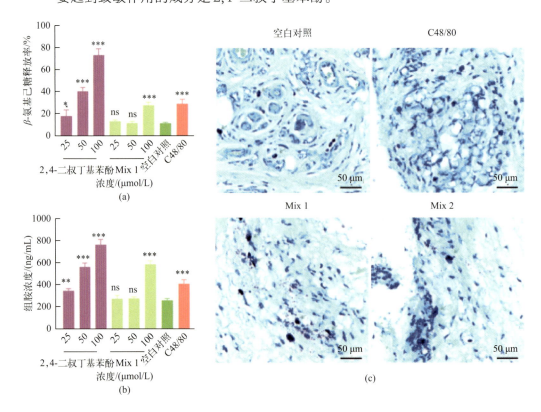

图5-39

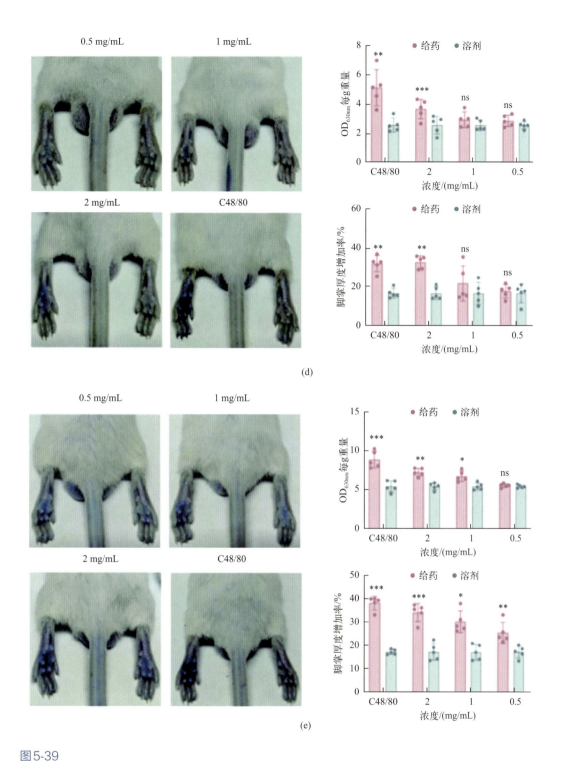

图 5-39
空气样本中三个致敏成分致敏活性评价

(a) 引发 LAD2 细胞剂量依赖性释放 β-氨基己糖苷酶；(b) 引发 LAD2 细胞剂量依赖性释放组胺；(c) 引起小鼠肥大细胞脱颗粒的染色分析（浓度为 2 mg/mL）；(d) 2,4-二叔丁基苯酚引起小鼠组织肿胀和伊文思蓝渗出；(e) 三个致敏成分引起小鼠组织肿胀和伊文思蓝渗出

3. 空气样本中致敏成分的体内致敏活性评价

将小鼠体温和血清中的组胺浓度作为检测指标，评价致敏成分的体内致敏活性。实验结果显示，与空白对照组相比，2,4-二叔丁基苯酚在给药后10 min之内能够诱导小鼠肛温显著下降，在5 min时降到最低值，5 min过后肛温逐渐上升，15 min后肛温与空白对照组没有显著性差异；空气样本中致敏成分混合物（Mix 2）给药后30 min能均能够显著降低小鼠肛温，在25 min时达到最低值，25 min后肛温逐渐恢复。以上实验结果表明2,4-二叔丁基苯酚和空气样本中致敏成分混合物都能够诱导小鼠的全身过敏反应，如图5-40（a）。2,4-二叔丁基苯酚与空气样本中致敏成分混合物对比结果显示给药后前15 min内没有显著性差异，给药后20～25 min有显著性差异。此外，2,4-二叔丁基苯酚以及空气样本中致敏成分混合物均能显著诱导组胺释放，且二者没有显著差异，与小鼠体温测定实验结果基本一致，如图5-40（b），进一步表明2,4-二叔丁基苯酚为主要致敏成分。

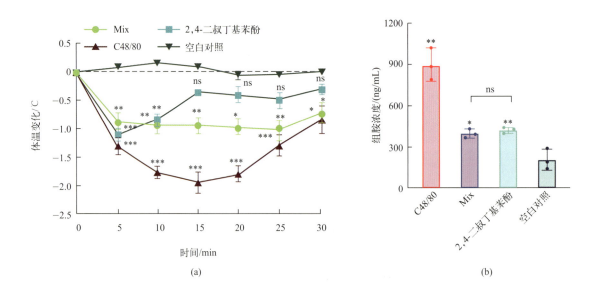

图5-40
2,4-二叔丁基苯酚及空气样本中致敏成分混合物的致敏活性评价
(a) 2,4-二叔丁基苯酚及空气样本中致敏成分混合物（浓度为2 mg/mL）对小鼠体温的影响；(b) 2,4-二叔丁基苯酚及空气样本中致敏成分混合物对组胺释放的影响

(三)小结

利用CMC-过敏性气体分析仪,在陕西榆林地区黑沙蒿种植区进行空气样本采集、吸收和识别筛选,结合GC-MS鉴定出2,4-二叔丁基苯酚、二甲苯等多种潜在致敏成分;药理活性实验证实上述成分可在细胞和动物水平引发类过敏反应。综上,CMC-过敏性气体分析仪可作为气体源致敏成分发现的有效工具。

第六章
典型应用案例

CMC法主要为药物发现和药品质量控制提供分析技术、方法与仪器。本章选择了近年来在抗类过敏反应、抗严重急性呼吸综合征冠状病毒2（SARS-CoV-2）和抗肿瘤方面，应用CMC法进行新药研究和作用机制研究的典型案例。通过对案例进行简要介绍和思考，对读者起到"抛砖引玉"的作用，这正是专设本章的原意与初衷。

第一节
MrgX2/CMC模型与类过敏反应

过敏性疾病全球高发，是一种非常广泛的基础性疾病。超敏反应是过敏性疾病的重要病理学基础，通常分为Ⅰ～Ⅳ型超敏反应。类过敏反应的临床表现与超敏反应相似，但其主要由肥大细胞、嗜碱性粒细胞等脱颗粒，释放组胺等致敏介质导致。2015年，*Nature*杂志报道肥大细胞上MrgX2可被内源性配体P物质激活引发类过敏反应。2017年以来，贺浪冲教授实验室发表MrgX2相关SCI论文71篇，他引近千次，约占全球同类研究型论文的20%。本节选取有一定代表性的四个相关典型案例，作一简要介绍。

案例1：柴胡皂苷A抑制MrgX2介导的类过敏反应

本案例应用MrgX2-Snap-tag/CMC模型筛选发现了首个可拮抗MrgX2受体的单体成分，柴胡皂苷A（SSA），后经过一系列的分子生物学、细胞生物学和药效学等验证，证实柴胡皂苷A是一种新型的MrgX2受体拮抗剂，并对临床上MrgX2介导的类过敏性疾病具有潜在的靶向性治疗作用。

（一）实验方法

1. 实验材料

（1）主要药品与试剂

大孔硅胶，柴胡皂苷A（>98%），化合物48/80（C48/80），β-氨基己糖，组胺，氘代组胺，Fluo-3 AM，胎牛血清，Stem Pro-34培养基，人SCF重组蛋白，小鼠SCF重组蛋白。

（2）实验细胞

LAD2细胞：使用完全StemPro-34培养基，培养于37℃、5% CO_2培养箱中。

MrgX2-SNAP-tag过表达HEK293细胞（MrgX2-HEK293）和仅转入空载质粒的对照细胞（NC-HEK293）：培养于含有10%胎牛血清、100 U/mL双抗的高糖DMEM中。

(3) 实验动物

6~8 周龄的 BALB/c 雄性小鼠。

2. 实验仪器

CMC/RL-分析仪［天然血管药物筛选与分析国家地方联合工程研究中心研制，悟空科学仪器（上海）有限公司生产］，RPL-10ZD 装柱机，QL-901VORTEX 涡旋混匀仪，HC-3018R 型高速冷冻离心机，SB-5200 超声波清洗机，YP-5102 型电子天平，真空浓缩仪优普超纯水机，MAC 15AC CO_2 恒温培养箱，Open SPR™，FlexStation® 3 酶标仪，LCMS 8040 质谱仪，Ti-U 型倒置荧光显微镜。

3. 实验条件

(1) MrgX2/CMC 模型制备

当细胞生长至约 80% 的覆盖率时，加入 0.25% 的胰蛋白酶在 4℃下孵育 10 min。进行细胞计数以确保细胞数量不少于 $1×10^7$ 个。用生理盐水（pH=7.4）洗涤收集的细胞 3 次，4℃下 3000g 离心 10 min 分离细胞。加入 Tris-HCl（pH = 7.4，50 mmol/L）重悬细胞，得到 MrgX2-HEK293 细胞悬液。超声 30 min 使细胞破裂，随后 4℃ 1000g 离心 10 min。弃去沉淀，上清液于 4℃ 12000g 离心 20 min。将得到的沉淀物用 10 mL 生理盐水重悬，12000g 离心，获得在 5 mL 生理盐水中的细胞膜悬浮液。在 105℃下活化 0.05 g 二氧化硅 30 min，在真空状态中将细胞膜悬液加入硅胶，4℃下搅拌 30 min 后静置过夜，使细胞膜固定在硅胶载体表面，得到细胞膜色谱固定相。按照湿法填充程序，使用柱上样机将细胞膜固定相装填到 CMC 柱（10 mm×2.0 mm I.D.）中。

(2) 色谱条件

流动相为 1 mmol/L 磷酸盐缓冲液；流速为 0.4 mL/min，柱温为 37℃，进样量为 5 μL，检测波长为 210 nm。

(3) β-氨基己糖苷酶释放检测

将 LAD2 细胞预先接种于 96 孔板中（$5 × 10^5$ 个/孔）。220g 离心 5 min，弃去培养基，加入含对应浓度药物的 TM 缓冲液。37℃孵育 30 min 后，每孔加入等体积含 MrgX2 的激动剂和对应浓度药物的 TM 缓冲液，再次 37℃孵育 30 min，220g 离心 5 min，收集上清液；用 0.1% Triton-X100 裂解液裂解细胞，收集上清液。

将给药组细胞培养基上清液、空白对照组细胞培养基上清液及空白对照组细胞裂解液各 50 μL 分别加入空白 96 孔板，每孔加入 50 μL 1 mmol/L 的 β-氨基己糖，置于 37℃培养箱内孵育 90 min，孵育完成后，每孔加入 150 μL 0.1 mol/L Na_2CO_3/$NaHCO_3$ 终止液终止反应。将 96 孔板置于室温摇床上混匀 2 min，在 405 nm 波长下使用酶标仪检测 OD 值。

（4）钙成像检测

利用孵育液配制相应浓度的药物溶液重悬LAD2细胞，37℃避光孵育30 min。200g离心5 min，弃去上清，CIB清洗2次。用适量CIB溶液重悬LAD2细胞并调整至合适密度（约$5×10^5$个/mL），以50 μL/孔的接种体积接种于96孔板中。静置96孔板5 min使LAD2细胞充分沉降。荧光显微镜蓝光激发，并调整曝光时间和增益至适当亮度。每孔加入50 μL含2倍浓度激动剂的CIB缓冲液，记录荧光强度变化，显微镜设置为1张/秒，拍照时间2 min，共120张。

（5）小鼠局部皮肤过敏反应试验

取6～8周龄BALB/c雄性小鼠。提前30 min给小鼠灌胃给予药物或溶剂。尾静脉注射预先用生理盐水配制的0.4%伊文思蓝溶液（0.2 mL/20 g）。用游标卡尺测量小鼠脚掌厚度，用微量注射器给小鼠左脚掌皮下注射5 μL激动剂（30 μg/mL C48/80溶液），将生理盐水作为对照皮下注射于小鼠右侧脚掌。15 min后再次测量脚掌厚度，按照以下公式计算小鼠脚掌肿胀率：

$$脚掌肿胀率 = \frac{皮下注射后脚掌厚度 - 注射前脚掌厚度}{注射前脚掌厚度} \times 100\%$$

脱颈处死小鼠，拍摄小鼠脚掌伊文思蓝渗出图片。取小鼠肿胀处皮肤，55℃过夜烘干。次日精密称量皮肤重量。每个组织加入500 μL丙酮-生理盐水溶液（丙酮：生理盐水=7:3），剪碎组织，浸泡2～4 h后，超声30 min提取伊文思蓝。500g离心，取上清液，用酶标仪检测605 nm处吸光度。

（6）小鼠体温测定

将小鼠随机分为2组。溶剂组灌胃给予0.2 mL生理盐水；柴胡皂苷A组腹腔注射柴胡皂苷A（1.5 mg/kg）。1 h后所有小鼠尾静脉注射C48/80溶液（0.3 mg/kg）。使用生物功能实验系统记录体温，将探针插入小鼠肛门进行体温检测，隔3 min检测一次，持续检测30 min。

（7）C48/80诱导的系统性过敏性休克

将小鼠随机分为4组，给药组腹腔注射不同剂量SSA（0.25 mg/kg、0.13 mg/kg或0.06 mg/kg），溶剂组腹腔注射相同体积的生理盐水。30 min后，尾静脉注射8 mg/kg C48/80溶液以诱导休克。记录1 h内过敏性休克后小鼠死亡情况。

（8）小鼠皮肤肥大细胞染色

用显微注射器将7 μL SSA或含C48/80（10 μg/mL）的0.4% NaCl溶液注射到小鼠的左爪中，注射15 min后将小鼠脱颈处死。分离组织皮肤，用PBS洗涤，并用4%多聚甲醛在4℃下固定过夜。然后将组织在20%蔗糖中冷冻保护过夜，并使用低温恒温器切片（20 μm 厚度）。接下来，将载玻片在37℃下干燥30 min，并在封闭溶液（10% 正常山羊血清，0.2% Triton X-100 PBS 溶液，pH 7.4）中预孵育2 h，然后与1/500 FITC-亲和素孵育45 min。用PBS洗涤切片3次，并加入一滴Fluoro-mount G荧光封片剂（Southern Biotech, AL. U.S.A）。随后立即用共聚焦扫描激光显微镜拍摄图像。

（9）组胺释放测定

取各组细胞上清液，使用LC-ESI-MS/MS方法进行组胺释放测定。使用HILIC色谱柱（Venusil HILIC，2.1 mm×150 mm，3 μm）在系统上进行组胺浓度的测定，用含有0.1%甲酸和20 mmol/L甲酸铵的乙腈-水（体积比77∶23）等度洗脱，流速为0.3 mL/min。使用MRM模式对组胺（m/z 111.90~95.05）和d_4-组胺（m/z 116.00~00.10）的前体/产物离子进行定量分析。

（二）实验结果

1. 柴胡皂苷A在MrgX2/CMC模型上的保留情况

结果如图6-1所示，柴胡皂苷A在MrgX2/CMC高通量筛选细胞膜色谱柱上具有良好保留，保留时间为18.5 min。

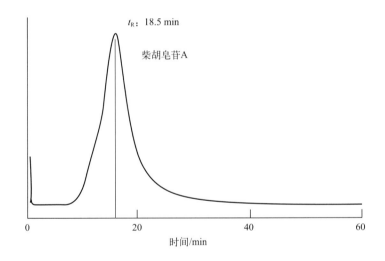

图6-1
柴胡皂苷A在MrgX2/CMC柱上的结合曲线

2. 柴胡皂苷A的抗过敏作用与MrgX2有关

建立MrgX2高表达HEK293T细胞（MrgX2^{h}细胞），提前孵育不同剂量的柴胡皂苷A，检测C48/80刺激后胞内钙离子浓度的变化。由图6-2可知，柴胡皂苷A抑制MrgX2^{h}细胞钙内流，且呈剂量依赖性，表明柴胡皂苷A可拮抗MrgX2介导的细胞内钙离子浓度升高。

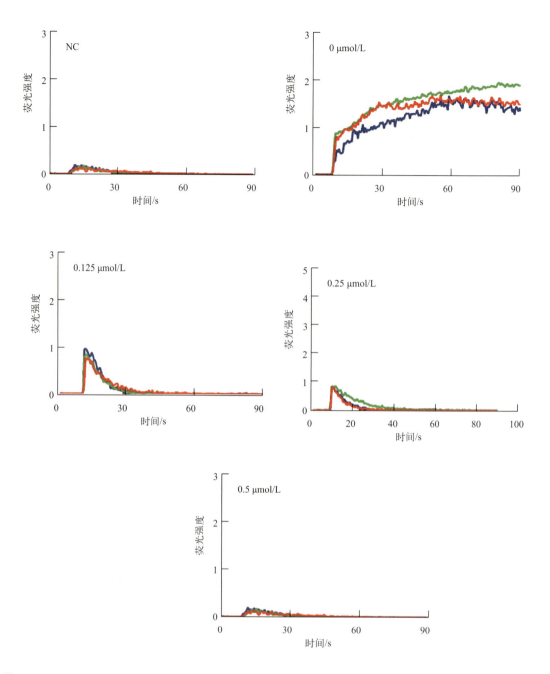

图 6-2
柴胡皂苷A降低了表达MrgX2的HEK293细胞中C48/80诱导的钙调动

3. 柴胡皂苷A抑制C48/80诱导的局部皮肤过敏和肥大细胞脱颗粒

如图6-3所示，柴胡皂苷A可抑制小鼠局部皮肤伊文思蓝渗出，且呈剂量依赖性，脚趾肿胀程度也显著缓解。同时，该部分皮肤中的肥大细胞（MCs）脱颗粒程度也显著减轻（绿色荧光部分，MCs脱颗粒时出现边界模糊、内容物外泄），表明SSA在体内拮抗MCs脱颗粒。

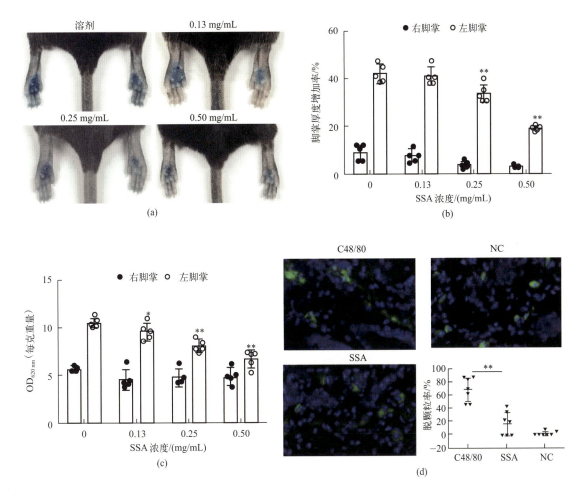

图6-3
柴胡皂苷A抑制C48/80诱导的局部皮肤过敏和肥大细胞脱颗粒
(a) 小鼠足趾肿胀示意图,伊文思蓝溶液渗出足趾,左脚掌注射 C48/80,右脚掌注射相同体积的柴胡皂苷A和C48/80;(b) 注射15 min后小鼠脚掌肿胀率;(c) 注射15 min后伊文思蓝渗出率;(d) 小鼠足趾肥大细胞脱颗粒染色结果。*$P <$ 0.05, **$P < 0.01$。

4. 柴胡皂苷A抑制C48/80诱导的过敏性休克

给小鼠腹腔注射不同浓度的柴胡皂苷A,30 min后腹腔注射大剂量C48/80诱导小鼠过敏性休克。结果如图6-4所示,溶剂组小鼠在C48/80诱导后60 min内全部死亡;在0.06 mg/kg组中,C48/80刺激后60 min内,小鼠存活率为20%;当SSA剂量增加至0.13 mg/kg和0.25 mg/kg时,生存率分别提高至40%和80%。结果表明 SSA对C48/80诱导的过敏性休克具有保护作用。

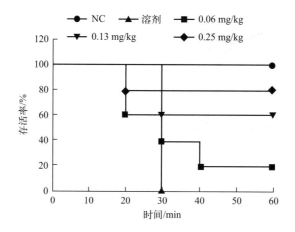

图6-4
C48/80注射后60 min内的小鼠生存曲线（$n=6$）

5. 小鼠体温实验

如图6-5所示，溶剂组小鼠经尾静脉注射C48/80诱导后，5 min内体温降低（3.02±0.37）℃。SSA组小鼠的体温降低了（1.36±0.45）℃，15 min后体温开始回升，仅比初始体温低（1.18±0.38）℃；相比之下，15 min后，溶剂组小鼠体温比实验开始时的体温降低了（3.7±0.67）℃。30 min后，SSA组小鼠体温几乎恢复正常，但溶剂组小鼠仍处于低体温状态［与初始体温相比低（3.04±0.54）℃］。以上结果证实，柴胡皂苷A可抑制C48/80诱导的小鼠体温降低。

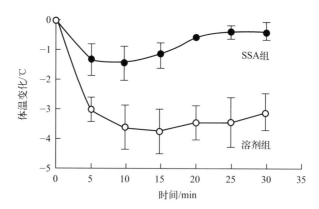

图6-5
柴胡皂苷A对C48/80诱导的小鼠体温降低的影响
小鼠用SSA或生理盐水预注射后，注射C48/80 30 min内的体温变化。$n=5$

6. 柴胡皂苷A减少LAD2细胞中C48/80诱导的钙调动和脱颗粒

以胞内钙动员、β-氨基己糖苷酶释放和组胺释放评价柴胡皂苷A对LAD2细胞脱颗粒的抑制作用。如图6-6所示，柴胡皂苷A可抑制LAD2细胞中钙调

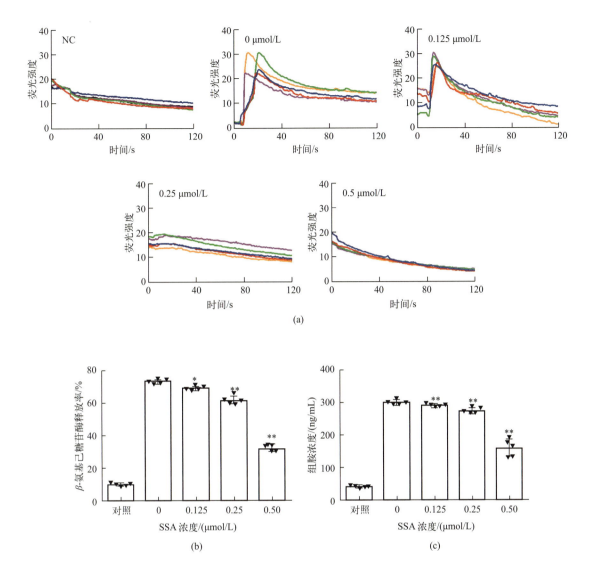

图6-6
柴胡皂苷A 降低了LAD2细胞中C48/80诱导的钙内流和脱颗粒
(a) LAD2细胞使用不同剂量的柴胡皂苷A孵育后,用C48/80刺激后细胞中钙离子浓度的变化;LAD2细胞用不同剂量的SSA预处理后,检测β-氨基己糖胺酶释放率(b) 和组胺浓度(c) 来评估LAD2细胞脱颗粒。$*P < 0.05$, $**P < 0.01$

动、LAD2细胞β-氨基己糖苷酶及组胺释放,且呈剂量依赖性。以上结果表明SSA抑制了C48/80诱导的MC脱颗粒。

(三)小结

柴胡为《中国药典》收录的草药,药用部位为伞形科植物柴胡(*Bupleurum chinense* DC.)或狭叶柴胡的干燥根,是常用解表药,临床用于感冒发热、寒热往来等。柴胡皂苷为其有效成分,其中柴胡皂苷A具有通过MrgX2受体拮抗类过敏反应的药理活性，是首次发现并公开报道。

（四）案例启发

1. 中药有上千年的临床应用历史，现代药学研究表明中药也是创新药物的重要来源，其中物质基础研究是这一领域的一项基础性工作。请从中药柴胡中柴胡皂苷A抗类过敏活性的发现，思考中药物质基础研究的思路、路径和方法。

2. 抗类过敏反应的潜在药物有什么优势？

3. 钙离子在整个细胞生理调控中的作用是什么？

案例2：MrgX2受体拮抗剂——欧前胡素的发现

本案例应用MrgX2-His-SMALPs/CMC模型筛选发现中药白芷中的欧前胡素（imperatorin）作用于MrgX2受体，后经过一系列的分子生物学、细胞生物学和药效学等验证，证实欧前胡素是一种新型的MrgX2受体拮抗剂，并对临床上MrgX2介导的类过敏性疾病具有潜在的靶向性治疗作用。

（一）实验方法

1. 实验材料

Pluronic F-127，大孔硅胶（型号：ZEX-Ⅱ，200Å，5 μm），欧前胡素，氯化钠（NaCl），氢氧化钠（NaOH），氯化钾（KCl），磷酸氢二钠（Na_2HPO_4），盐酸（HCl），DMEM，胎牛血清，P物质，戊巴比妥钠，氯代组胺，Fluo-3，AM，β-氨基己糖。

2. 实验仪器

CMC/RL-分析仪［天然血管药物筛选与分析国家地方联合工程研究中心研制，悟空科学仪器（上海）有限公司生产］，RPL-10ZD装柱机，QL-901VORTEX涡旋混匀仪，HC-3018R型高速冷冻离心机，SB-5200超声波清洗机，YP-5102型电子天平，真空浓缩仪优普超纯水机，MAC 15AC CO_2恒温培养箱，Open SPR™，FlexStation® 3酶标仪，LCMS 8040质谱仪，Ti-U型倒置荧光显微镜。

3. 实验条件

（1）MrgX2/CMC模型制备

当细胞生长至约80%的覆盖率时，加入0.25%的胰蛋白酶在4℃下孵育10 min。进行细胞计数以确保细胞数量不少于$1×10^7$个。用生理盐水（pH=7.4）洗涤收集的细胞3次，4℃下3000g离心10 min分离细胞。加入Tris-HCl（pH=7.4；50 mmol/L）重悬细胞，获得MrgX2-HEK293细胞悬液。超声30 min使细胞破裂，4℃ 1000g离心10 min。弃去沉淀，将上清液在4℃ 12000g离心20 min。得到的沉淀物用10 mL生理盐水重悬,然后将悬浮液以12000g离心,获得在5 mL生理盐水中的细胞膜悬浮液。在105℃下活化0.05 g二氧化硅30 min,在真空状态中将细胞膜悬液加入硅胶,4℃搅拌30 min后静置过夜,使细胞膜固定在硅胶载体表面,得到细胞膜色谱固定相。按照湿法程序,使用柱上样机将细胞膜色谱固定相装填到CMC柱(10 mm×2.0 mm I.D.)中。

(2)色谱条件

流动相为1 mmol/L 磷酸盐缓冲液;流速为0.4 mL/min,柱温为37℃,进样量为5 μL,欧前胡素的检测波长为271 nm。

(3)K_D值测定

开始色谱检测前,以最大流速(150 μL/min)泵送HEPES缓冲溶液,然后脉冲注入80%异丙醇进行气泡去除。去除所有气泡后,清除响应图中的点。用运行缓冲液彻底冲洗样品定量环并用空气吹扫。将200 μL准备好的200 mmol/L咪唑溶液装入进样口,然后进样以灌注传感器表面。建议重复运行2~3次或直到基线恢复到一致的水平。用运行缓冲液彻底冲洗样品定量环并用空气吹扫。将泵速降低到20 μL/min。将200 μL准备好的40 mmol/L NiCl$_2$溶液装入进样口并进样,这将使NTA充满Ni^{2+}。5 min的相互作用时间后,用运行缓冲液彻底冲洗样品定量环并用空气吹扫。利用带有标记的配体进行表面功能化。用缓冲液制备200 μL His-tag MrgX2溶液(50 μg/mL),将其装入进样口并进样。观察基线5 min,以确保基线稳定。将泵速降至20 μL/min之后,依次注入不同浓度的异欧前胡素(0.38 μmol/L、0.75 μmol/L、1.5 μmol/L和3 μmol/L)、欧前胡素(0.38 μmol/L、0.75 μmol/L、1.5 μmol/L和3 μmol/L)和白藜芦醇(5 μmol/L、10 μmol/L、20 μmol/L和40 μmol/L)。结合时间和解离时间均为250 s,测量分析物与蛋白质相互作用的响应图。使用Trace Drawer软件分析数据。

(4)计算机辅助分子对接实验

使用I-TASSER预测MrgX2可能的三级结构。使用SYBYL-X 2.0程序包的Surflex-DockMode(Tripos, St.Louis, MO, USA)进行分子对接测定。将预测的MrgX2结构用于活性成分和MrgX2的对接分析。

(5)β-氨基己糖苷酶释放检测

将LAD2细胞或小鼠腹腔肥大细胞(MPMC)以100 μL/孔的接种体积接种于96孔板(5×10^{4}个细胞/孔),并于37℃孵育24 h。对于未给药的空白对照组细胞,加入50 μL TM缓冲溶液,37℃下培养30 min后,加入50 μL的TM缓冲液,再次孵育30 min。对于欧前胡素组细胞,分别加入50 μL含有不同浓度欧前胡素(0 μmol/L、25 μmol/L、50 μmol/L、100 μmol/L)的TM

缓冲液，孵育30 min后，加入50 μL含有不同浓度药物的P物质（LAD2细胞8 μg/mL，MPMC 30 μg/mL）TM缓冲液，再次孵育30 min。所有细胞冰上终止反应10 min，离心（4℃，1000 r/min，10 min），得到给药组细胞培养基上清液和未给药空白对照组细胞培养基上清液。吸净未给药空白细胞的培养基上清液，再用0.1% Triton X-100裂解空白对照组细胞5 min，冰上终止反应10 min，将裂解液吹打均匀，离心（4℃，1000 r/min，10 min），得到空白对照组细胞裂解液。

将给药组细胞培养基上清、空白对照组细胞培养基上清及空白对照组细胞裂解液各50 μL分别加入空白96孔板，每孔加入50 μL 1 mmol/L的β-氨基己糖，置于37℃培养箱内孵育90 min，孵育完成后，每孔加入150 μL 0.1 mol/L $Na_2CO_3/NaHCO_3$终止液终止反应。将96孔板置于室温摇床上混匀2 min，在405 nm波长下使用酶标仪检测OD值。

（6）组胺释放检测

将LAD2细胞或MPMC以100 μL/孔的接种密度接种于96孔板（5×10^4个细胞/孔），并于37℃孵育24 h。欧前胡素组：加入50 μL含有不同浓度欧前胡素（0 μmol/L、25 μmol/L、50 μmol/L、100 μmol/L）的TM缓冲液，孵育30 min后，加入50 μL含有不同浓度药物的P物质（LAD2细胞8 μg/mL，MPMC 30 μg/mL）TM缓冲液，再次孵育30 min。冰上终止反应10 min，取上清液，4℃下1000 r/min离心10 min，得到给药组细胞上清液。对于未给药的空白对照组细胞，每孔去除原培养基，加入50 μL TM缓冲液，37℃下培养30 min后，加入50 μL的TM缓冲液，再次孵育30 min，冰上终止反应10 min。4℃下1000 r/min离心10 min，得到空白对照组细胞上清液。最后，将96孔板在4℃以200g离心5 min。收集50 μL上清液。使用LC-ESI-MS/MS方法进行组胺浓度的测定。

在所应用的LC-ESI-MS/MS方法中，使用了LCMS 8040质谱仪。使用HILIC色谱柱（Venusil HILIC，2.1 mm×150 mm，3 μm）在系统上进行组胺浓度的测定，用含有0.1%甲酸和20 mM甲酸铵的乙腈-水（体积比为77:23）以0.3 mL/min的流速等度洗脱。使用MRM模式对组胺（m/z 111.90~95.05）和d_4-组胺（m/z 116.00~00.10）的前体/产物离子进行定量分析。

（7）细胞因子检测

将LAD2细胞或MPMC以100 μL/孔的接种密度接种于96孔板（5×10^4个细胞/孔），并于37℃孵育24 h。

空白对照组：加入100 μL TM缓冲溶液，在37℃下孵育8 h。

欧前胡素组：将100 μL含欧前胡素（0 μmol/L、25 μmol/L、50 μmol/L、

100 μmol/L）和 P 物质（LAD2 细胞 8 μg/mL，MPMC 30 μg/mL）的 TM 缓冲液添加到每个孔中，并在 37℃下孵育 8 h。用 ELISA 试剂盒检测上清液中 TNF-α、CCL-2、白三烯 B4（LTB4）和 IL-6 的浓度。

（8）钙成像实验

将 LAD2 细胞或 MPMC 接种于 96 孔板（$1×10^4$ 个细胞/孔），并于 37℃孵育 24 h。将细胞与含有不同浓度的欧前胡素孵育缓冲液在 37℃孵育 30 min，使用空白孵育缓冲液作为阴性对照。然后将细胞用钙成像溶液清洗两次。使用倒置荧光显微镜，每秒在蓝光（放大 200 倍）下拍摄一张照片，持续 120 s。加入 P 物质（LAD2 细胞：8 μg/mL；MPMC：30 μg/mL）或 C48/80（30 μg/mL）刺激后，如果 Ca^{2+} 浓度增加至少 50%，则细胞被确认为有反应。

（9）小鼠局部皮肤类过敏反应实验

空白对照组：每只小鼠灌胃给药 0.5% 的 CMC-Na，剂量为 0.2 mL/20 g。欧前胡素组：使用浓度为 0.5% 的 CMC-Na 配制不同浓度的欧前胡素溶液（0.3 mg/mL、0.6 mg/mL、1.2 mg/mL），每只小鼠灌胃给药 0.2 mL/20 g，每组 7 只小鼠。用 50 mg/kg 的戊巴比妥钠对小鼠进行麻醉，给小鼠尾静脉注射 0.4% 伊文思蓝（生理盐水溶液），每只小鼠注射 0.2 mL/20 g。用游标卡尺测量左右脚掌厚度，记录脚掌给药前的厚度。使用微量注射器向小鼠左脚注射 P 物质（30 μg/mL）或者 C48/80（30 μg/mL），右脚注射 5 μL 生理盐水作为阴性对照。15 min 后，再次测量脚掌厚度，记录注射后脚掌厚度。处死小鼠，对小鼠足部拍照。剪下后肢，分别装入 2 mL EP 管中，按编号和左右标记，烘箱烘干后称重并记录。每管加入 1 mL 丙酮-生理盐水（7:3）混合液，37℃浸泡过夜。剪碎组织，超声 10 min，离心（3000 r/min，20 min），取 200 μL 上清液加到 96 孔板中，使用酶标仪检测 630 nm 波长处吸光度值。

（10）小鼠体温实验

将小鼠随机分为 2 组（每组 7 只）。P 物质组或 C48/80 组小鼠灌胃给予 0.2 mL PBS；欧前胡素组小鼠灌胃给药欧前胡素（6 mg/kg）。1 h 后给所有小鼠尾静脉注射 P 物质（0.3 mg/kg）或 C48/80（0.3 mg/kg）。然后使用生物功能实验系统记录体温，将探针插入小鼠肛门进行体温检测，隔 3 min 检测一次，持续检测 30 min。

（二）实验结果

1. 欧前胡素与 MrgX2 结合特性分析

（1）欧前胡素在 MrgX2/CMC 模型上的保留情况

结果如图 6-7 所示，欧前胡素在 MrgX2/CMC 高通量筛选细胞膜色谱柱上具有良好保留，保留时间为 15.5 min。

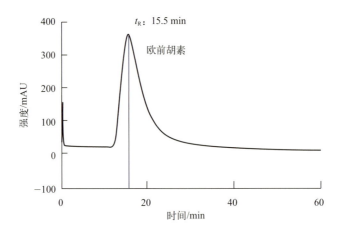

图6-7
欧前胡素在MrgX2/CMC模型上的结合曲线

（2）欧前胡素与MrgX2结合的K_D值分析

本案例采用表面等离子共振方法进一步确证异欧前胡素、白藜芦醇和欧前胡素与MrgX2的相互作用。实验结果如图6-8所示，欧前胡素可以与MrgX2结合，由TraceDrawer™计算得出欧前胡素和MrgX2结合的K_D值为$(4.48±0.49)×10^{-7}$ mol/L。

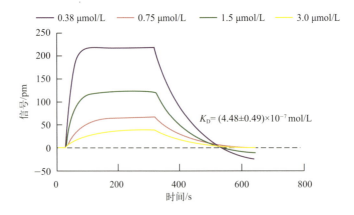

图6-8
欧前胡素在MrgX2-NTA芯片上的结合曲线

（3）欧前胡素与预测的MrgX2结构相互作用

分子对接技术常用于预测配体和受体之间的结合位点和结合亲和力。如图6-9（a）所示，欧前胡素与MrgX2形成1个关键氢键，总分值为4.7201。欧前胡素通过GLN181形成距离为1.99 Å的1个氢键。图6-9（b）的球面空间场模型表明，欧前胡素在MrgX2的活动腔内具有良好的结合。

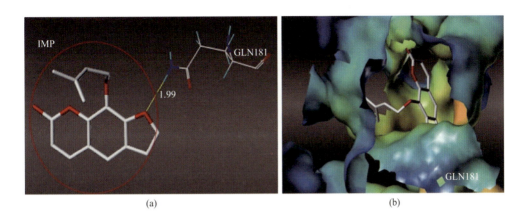

图 6-9
欧前胡素与 MrgX2 的分子对接模拟结果
(a) 欧前胡素和 MrgX2 的功能区模型；(b) 欧前胡素和 MrgX2 的球面空间场模型

2. 欧前胡素抑制肥大细胞钙调动

欧前胡素对 P 物质引起的肥大细胞钙调动的结果如图 6-10 (a) 和 (b) 所示，P 物质可以引起 LAD2 细胞内钙离子浓度升高，用欧前胡素对 LAD2 细胞预处理，再用 P 物质进行刺激，可以观察到 LAD2 细胞内钙离子浓度以剂量依赖性方式降低，SP 组、25 μmol/L 组、50 μmol/L 组和 100 μmol/L 组的荧光强度增加值分别为 8.94±1.04、8.60±0.67、5.73±1.39、2.99±0.50。如图 6-10 (c) 和 (d) 所示，P 物质同样可以引起 MPMC 胞内钙离子浓度增加，用欧前胡素（25 μmol/L、50 μmol/L 和 100 μmol/L）对 MPMC 预处理，再用 P 物质进行刺激，可以观察到 MPMC 细胞内钙离子浓度以剂量依赖性方式降低，SP 组、25 μmol/L 组、50 μmol/L 组和 100 μmol/L 组荧光强度增加值分别为 2.13±0.41、1.31±0.24、0.36±0.21、0.23±0.06。

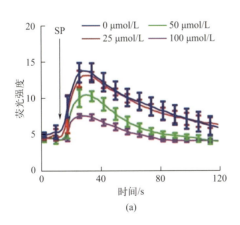
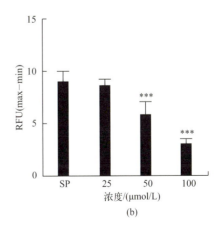

图 6-10

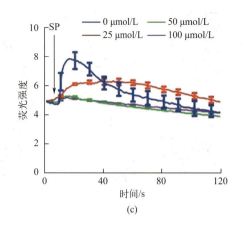
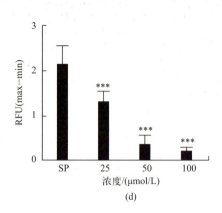

图6-10

欧前胡素降低了肥大细胞中P物质诱导的钙离子浓度增加

(a) 响应P物质的LAD2细胞代表性钙成像曲线；(b) 欧前胡素以剂量依赖性方式降低了P物质刺激后LAD2细胞的荧光强度变化；(c) 响应P物质的MPMC细胞代表性钙成像曲线；(d) 欧前胡素预处理后，P物质刺激后MPMC细胞的荧光强度变化。与SP组相比，***$P < 0.001$

3. 欧前胡素抑制肥大细胞脱颗粒

为了研究欧前胡素对LAD2细胞脱颗粒的抑制作用，实验检测了β-氨基己糖苷酶和组胺的释放。如图6-11（a）所示，P物质可以诱导肥大细胞脱颗粒，释放率为42.83%±1.08%。用欧前胡素（25 μmol/L、50 μmol/L和100 μmol/L）对细胞预处理可以显著地抑制β-氨基己糖苷酶的释放，并且抑制作用与浓度相关，给药剂量为100 μmol/L时抑制作用最强，释放率为17.92%±1.38%。图6-11（b）表明欧前胡素抑制β-氨基己糖苷酶释放的IC_{50}值为（46.83±8.62）μmol/L。如图6-11（c）所示，用欧前胡素对细胞预处理也可以剂量依赖性地抑制P物质引起的组胺释放，组胺释放量分别为（11.54±2.34）ng/mL、（86.86±4.50）ng/mL、（72.26±3.69）ng/mL、（55.60±3.99）ng/mL、（34.72±3.23）ng/mL。实验结果表明欧前胡素可以抑制MrgX2介导的肥大细胞脱颗粒。肥大细胞激活后期会产生细胞因子和趋化因子，接下来检测了欧前胡素对P物质引起的IL-8、TNF-α和MCP-1释放的影响。如图6-11（d）所示，0 μmol/L欧前胡素组、25 μmol/L欧前胡素组、50 μmol/L欧前胡素组和100 μmol/L欧前胡素组IL-8释放量分别为（28.95±0.47）pg/mL、（28.45±1.02）pg/mL、（19.10±1.41）pg/mL和（13.79±0.78）pg/mL；如图6-11（e）所示，0 μmol/L欧前胡素组、25 μmol/L欧前胡素组、50 μmol/L欧前胡素组和100 μmol/L欧前胡素组TNF-α释放量分别为（58.12±1.37）pg/mL、（35.83±0.71）pg/mL、（27.39±0.55）pg/mL和（22.04±0.68）pg/mL；如图6-11（f）所示，0 μmol/L欧前胡素组、25 μmol/L

欧前胡素组、50 μmol/L 欧前胡素组和 100 μmol/L 欧前胡素组 MCP-1 释放量分别为（49.46±0.92）pg/mL、（36.03±0.05）pg/mL、（30.35±0.26）pg/mL 和（18.87±2.12）pg/mL。实验结果表明欧前胡素可以抑制 MrgX2 介导的人源肥大细胞细胞因子释放。

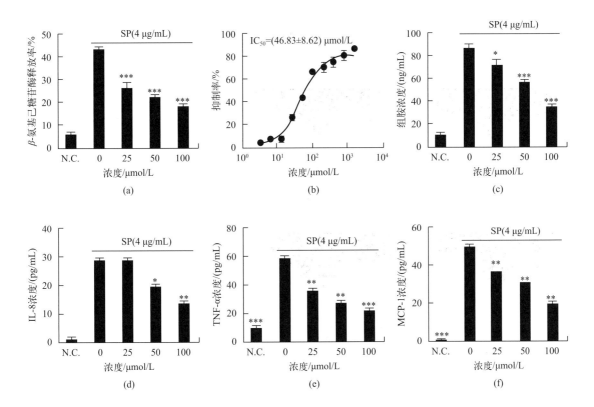

图 6-11
欧前胡素抑制 P 物质引起的 LAD2 细胞脱颗粒
(a) β-氨基己糖苷酶释放率；(b) 欧前胡素抑制 β-氨基己糖苷酶释放的 IC_{50} 值；(c) 组胺浓度；(d) IL-8 浓度；(e) TNF-α 浓度；(f) MCP-1 浓度。与空白对照（N.C.）组相比，*$P < 0.05$, **$P < 0.01$, ***$P < 0.001$

4. 欧前胡素抑制小鼠局部类过敏反应

小鼠灌胃给药不同浓度的欧前胡素，30 min 后，尾静脉注射伊文思蓝溶液，然后在小鼠右脚掌注射 P 物质，左脚掌注射生理盐水作为对照。结果如图 6-12（b）所示，阴性对照组中，生理盐水组的脚掌肿胀率为 4.06%±1.19%，P 物质组的脚掌肿胀率为 25.01%±0.48%；在 3 mg/kg 欧前胡素的作用下，生理盐水组的脚掌肿胀率为 4.47%±0.20%，P 物质组的脚掌肿胀率为 17.04%±2.21%；在 6 mg/kg 的欧前胡素的作用下，生理盐水组的脚掌肿胀率为 2.14%±0.37%，P 物质组的脚掌肿胀率为 7.02%±1.08%；在 12 mg/kg 欧前胡素的作用下，生理盐水组的脚掌肿胀率为 0.80%±0.39%，P 物质组的脚掌肿胀率为1.08%±0.34%。

如图6-12（c）所示，与阴性对照组（生理盐水）对比，脚掌皮下注射P物质引起的伊文思蓝渗出显著升高；3 mg/kg欧前胡素可初步抑制脚掌伊文思蓝渗出程度；6 mg/kg和12 mg/kg欧前胡素显著改善了脚掌伊文思蓝渗出。而给予欧前胡素未能引起阴性对照组伊文思蓝渗出的明显变化。

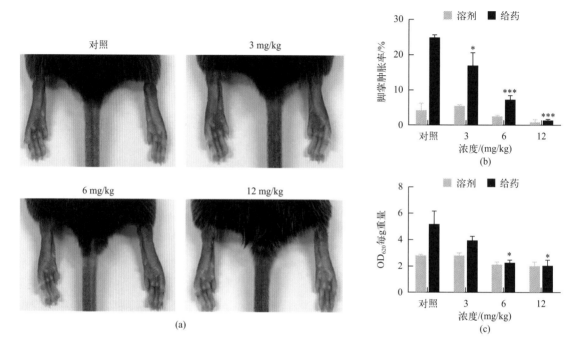

图6-12
欧前胡素抑制P物质引起的小鼠局部类过敏反应
（a）小鼠局部类过敏反应代表性图片；（b）小鼠足趾肿胀程度；（c）伊文思蓝渗出情况。与对照组相比，*$P< 0.05$，**$P<0.01$，***$P<0.001$（$n=7$）

5. 欧前胡素抑制小鼠全身类过敏反应

欧前胡素的抗体温下降作用如图6-13所示，首先给小鼠灌胃给药欧前胡素，1 h时后尾静脉注射P物质。注射P物质后，对照组小鼠体温在3 min内迅速下降（3.20±0.17）℃，在6 min时下降（3.50±0.60）℃，30 min内小鼠体温没有完全恢复，比起始体温下降2.2℃。用欧前胡素（6 mg/kg）处理的小鼠中，体温下降比对照组少，3 min时下降了（1.9±0.2）℃，并且体温在30 min内逐渐恢复。这些结果表明口服欧前胡素对P物质介导的类过敏反应具有预防作用。

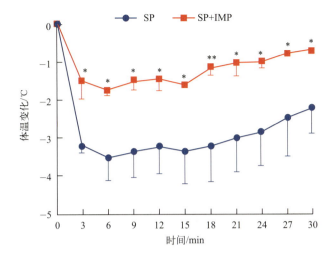

图6-13
欧前胡素抑制P物质引起的全身性类过敏反应引起的体温变化

给予P物质后,使用直肠温度计每隔3 min测量小鼠的体温1次,持续30 min。与SP组相比,$*P<0.05$,$**P<0.01$($n = 6$)

(三)小结

中药及其方剂是创新药物发现的重要来源,但由于中药物质基础的复杂性,从中分离获得活性组分是一项困难的工作,尤其是对微量和痕量组分的筛选分离更是艰难。本案例利用MrgX2/CMC技术、方法与仪器,研究发现了欧前胡素可作用于MrgX2受体,并在线进行了分析鉴定。本案例证实CMC法是一种从复杂体系中筛选发现目标组分的有效方法。

(四)案例启发

1. MrgX2-His-SMALPs/CMC模型与吸附型高表达MrgX2/CMC模型的主要区别有哪些?为什么MrgX2-His-SMALPs/CMC模型的使用寿命会增长?

2. MrgX2-His-SMALPs/CMC模型的筛选结果与药理活性已经具有很高的相关性,请从结构生物学的角度解释其合理性。

3. 利用普通的色谱技术,从中药复杂体系中分离获得微量和痕量组分是一项非常专业的工作,CMC技术能够提供哪些可能性?

案例3:$Ca_V1.2$通道参与MrgX2引发的类过敏反应

尼莫地平(nimodipine)是典型的二氢吡啶类钙拮抗剂,作用于L型钙通道的$Ca_V1.2$通道,阻断钙离子经过细胞膜上的钙通道进入细胞。利用$Ca_V1.2$/CMC模型研究与验证,发现肥大细胞上MrgX2激活时,同时有$Ca_V1.2$通道的参与,引发细胞外钙离子内流,促进细胞因子释放。所以,尼莫地平阻断细胞外钙离子内流,发挥了抑制类过敏反应的生物效应。

（一）实验方法

1. 实验材料

（1）主要药品与试剂

硝苯地平，维拉帕米，尼莫地平，氨氯地平，尼卡地平，非洛地平，化合物48/80（C48/80），β-氨基己糖，组胺，氯代组胺，物质P，环丙沙星，盐酸青藤碱，Fluo-3 AM，胎牛血清，Stem Pro-34培养基，人mSCF，小鼠mSCF，人IL-3，小鼠IL-3，人TNF-α、CCL-2 ELISA试剂盒，小鼠TNF-α、CCL-2 ELISA试剂盒，小鼠IL-3、IL-4、IL-5 ELISA试剂盒。

（2）溶液配制

钙离子成像缓冲液：含葡萄糖20 mmol/L、蔗糖20 mmol/L、HEPES 10 mmol/L、NaCl 125 mmol/L、NaHCO$_3$ 1.2 mmol/L、CaCl$_2$ 2.5 mmol/L、KCl 3 mmol/L、MgCl$_2$ 0.6 mmol/L。固体充分溶解后调节pH为7.4。密封并储存于4℃备用。

台氏液（Tyrode's solution）：含NaCl 137 mmol/L、KCl 2.68 mmol/L、MgSO$_4$·7H$_2$O 1.05 mmol/L、NaH$_2$PO$_4$·2H$_2$O 0.4 mmol/L、NaHCO$_3$ 11 mmol/L、CaCl$_2$ 1.8 mmol/L、葡萄糖5.5 mmol/L。固体充分溶解后用0.22 μm微孔滤膜滤过除菌，密封，4℃冷藏保存备用。

肥大细胞分离培养基：间充质干细胞-软骨分化培养基（MCDM），含3%胎牛血清和10 mmol/L HEPES的HBSS，pH 7.2，用0.22 μm微孔滤膜滤过除菌，密封，4℃冷藏保存备用。

等渗70% Percoll悬浮液（4 mL）：量取2.8 mL Percoll、400 μL 10×HBSS、40 μL 1 mol/L HEPES、760 μL MCDM，混合。

MPMC培养基：高糖DMEM，含10% FBS、100 U/mL青霉素、100 U/mL链霉素、25 ng/mL小鼠mSCF。用0.22 μm微孔滤膜滤过除菌，密封，4℃冷藏保存备用。

钙成像孵育液：配制浓度为5 mmol/L的Fluo-3 AM DMSO母液，储存于-20℃备用。用CIB稀释Fluo-3 AM DMSO母液至5 nmol/L的工作浓度，得到孵育液。

0.5%羧甲基纤维素钠溶液及灌胃药物：称取0.5 g羧甲基纤维素钠粉末于玻璃瓶中，加入超纯水至100 g。待羧甲基纤维素钠充分吸水溶胀后，放入高压灭菌锅。105℃，0.11 MPa高温高压处理30 min。待羧甲基纤维素钠充分溶解后，4℃冷藏保存。称取所需药物，并加入0.5%羧甲基纤维素钠溶液，超声制备灌胃所需对应浓度药物的混悬液。

（3）实验细胞

LAD2细胞：使用完全StemPro-34培养基，于37℃、5% CO_2培养箱中培养，培养3天后半量换液。维持细胞密度为1×10^6个/mL。

CaV1.2-SNAP-tag过表达HEK293细胞（Ca_V1.2-HEK293T）和对照细胞（NC-HEK293T-SNAP-Tag）：使用含有10%胎牛血清、100 U/mL双抗的高糖DMEM，于37℃、5% CO_2培养箱中培养。

小鼠腹腔肥大细胞（MPMC）：6～8周龄的成年C57BL/6雄性小鼠吸入CO_2处死。使用4 mL预冷的肥大细胞分离培养基对小鼠进行腹腔灌洗，重复三次，收集灌洗液并合并。4℃下200g离心5 min，获得细胞沉淀，小心弃去上清液后将细胞重新悬浮于2 mL MCDM中。将细胞悬液加入4 mL等渗70% Percoll悬浮液中，4℃下500g离心20 min分层，小心弃去上清液。用MPMC培养基重悬细胞，维持细胞密度为5×10^5个/mL。利用FITC标记的抗小鼠CD117抗体和pe-cyanine7标记的抗小鼠FcεRI抗体，利用流式细胞术对细胞进行鉴定。

（4）实验动物

6～8周龄的成年C57BL/6雄性、雌性小鼠（SPF级）。

2. 实验仪器

CMC/RL-分析仪［天然血管药物筛选与分析国家地方联合工程研究中心研制，悟空科学仪器（上海）有限公司生产］，CO_2恒温培养箱，Ti-U型倒置荧光显微镜。

3. 实验条件

（1）Ca_V1.2-SNAP-tag细胞膜色谱柱制备

向100 mL烧瓶中加入5.0 g戊二醛修饰的硅胶键合固定相和30 mL乙醇，并加入1.8 g（0.014 mol）O^6-苄基鸟嘌呤衍生物，回流6 h，得到O^6-(3-氨基苄基)-鸟嘌呤共价修饰的硅胶。胰酶消化后，4℃ 1000g离心并收集3×10^7个细胞。清洗细胞沉淀，用5 mL 50 mmol/L的Tris-HCl溶液重悬细胞沉淀。超声仪中加入冰水混合物，超声破碎30 min，得细胞膜沉淀，重悬后将细胞膜悬液与0.02 g O^6-(3-氨基苄基)-鸟嘌呤修饰的硅胶混合，37℃反应60 min后，即得细胞膜色谱固定相。涡旋细胞膜色谱固定相悬液并除去未充分结合的细胞膜。再次加入5 mL生理盐水重悬固定相。将细胞膜色谱固定相加入装柱机中，以1.0 mL/min的流速装柱，维持压力不超过10 MPa。储存待用。

（2）色谱条件

流动相为1 mmol/L磷酸氢二钠溶液；流速为0.2 mL/min，柱温为37℃。进样体积为5 μL。

（3）前沿分析实验

用 1 mmol/L 磷酸氢二钠溶液（流动相 A）平衡色谱柱至稳定。将目标物（尼莫地平）以 10^{-6} mol/L 的浓度配制于流动相 A 中作为流动相 B。按一定比例将流动相 A、B 混合进入色谱柱，色谱图像表现出达到平台期的曲线（突破曲线）。此时，利用流动相 A 进行洗脱并进入下一个浓度的平衡。

（4）β-氨基己糖苷酶释放检测

将 LAD2 细胞预先接种于 96 孔板中（5×10^5 个/孔）。220g 离心 5 min，弃去培养基，加入含对应浓度药物的 TM 缓冲液。37℃孵育 30 min 后，每孔加入等体积含 MrgX2 激动剂和对应浓度药物的 TM 缓冲液，再次 37℃孵育 30 min。220g 离心 5 min，收集上清液；0.1% Triton-X100 裂解液裂解细胞，收集上清液。各孔上清液中加入 β-氨基己糖溶液，37℃反应 1.5 h，随后加入终止液（0.1 mol/L Na_2CO_3：0.1 mol/L $NaHCO_3$ = 9:1）。利用酶标仪检测 405 nm 处 OD 值。

（5）钙成像检测

利用孵育液配制相应浓度的药物溶液重悬 LAD2 细胞，37℃避光孵育 30 min。200g 离心 5 min，弃去上清液，用 CIB 清洗 2 次。用适量 CIB 溶液重悬 LAD2 细胞并调整至合适密度（约 5×10^5 个/mL），以 50 μL/孔的接种体积将细胞接种于 96 孔板中。静置 96 孔板 5 min 使 LAD2 细胞充分沉降。荧光显微镜蓝光激发，并调整曝光时间和增益至适当亮度。每孔加入 50 μL 含 2 倍浓度激动剂的 CIB 缓冲液，记录荧光强度变化，显微镜设置为每秒一张，拍照时间 2 min，共 120 张。

（6）ELISA 试剂盒细胞因子检测

参考对应 ELISA 试剂盒操作说明进行检测。

（7）小鼠局部皮肤被动类过敏反应试验

取 6~8 周龄 C57BL/6 雄性小鼠。提前 30 min 小鼠灌胃给药。尾静脉注射预先用生理盐水配制的 0.4% 伊文思蓝溶液。用游标卡尺测量小鼠脚掌厚度，用微量注射器给小鼠左脚掌皮下注射 5 μL 激动剂（30 μg/mL C48/80），生理盐水作为对照皮下注射于小鼠右侧脚掌。15 min 后再次测量后脚掌厚度，按照以下公式计算小鼠脚掌肿胀率：

$$脚掌肿胀率=\frac{皮下注射后脚掌厚度-注射前脚掌厚度}{注射前脚掌厚度}\times100\%$$

脱颈处死小鼠，拍摄小鼠脚掌伊文思蓝渗出图片。取小鼠肿胀处皮肤，55℃过夜烘干。次日精密称量皮肤重量。每个组织加入 500 μL 丙酮-生理盐水溶液（丙酮:生理盐水=7:3），剪碎组织，浸泡 2~4 h 后，超声 30 min 提取伊文思蓝。500g 离心，取上清液，用酶标仪检测 605 nm 处吸光度。按照以下公式计算伊文思蓝渗出率：

$$伊文思蓝渗出率 = 伊文思蓝吸光度 / 干燥皮肤重量$$

（二）实验结果

1. $Ca_V1.2$-SNAP 细胞膜色谱柱对不同 $Ca_V1.2$ 拮抗剂具有选择性

为了考察 $Ca_V1.2$-SNAP 细胞膜色谱柱的结合特异性，采用了多种 $Ca_V1.2$ 拮抗剂进行细胞膜色谱考察，观察不同种类拮抗剂在 $Ca_V1.2$-SNAP 细胞膜色谱柱上的保留情况，结果如图 6-14 所示。本案例中 SNAP 连接于 $Ca_V1.2$ 胞内 C 端。SNAP 与 BG 硅胶键合后，$Ca_V1.2$ 胞外端暴露于细胞膜色谱柱外侧，可以充分与流动相接触，进行识别与筛选。常见的 $Ca_V1.2$ 拮抗剂分为三种，分别为二氢吡啶类（地平类）、苯噻氮䓬类（地尔硫䓬等）和苯烷胺类（维拉帕米等）。目前研究认为，二氢吡啶类钙拮抗剂的作用位点为受体细胞膜外侧，维拉帕米结合位点为受体细胞膜内侧，地尔硫䓬结合位点为受体跨膜区域。因此，图 6-14 的结果证明了 $Ca_V1.2$-SNAP 细胞膜色谱柱对于受体胞外端结合区域拮抗剂有较好的选择性筛选作用。

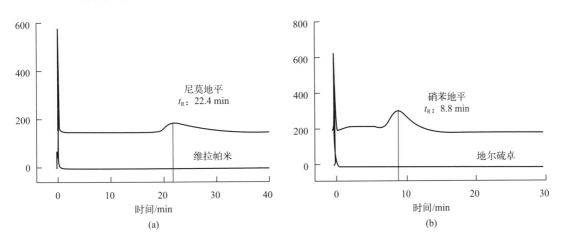

图 6-14
不同 $Ca_V1.2$ 拮抗剂在 $Ca_V1.2$-SNAP 细胞膜色谱柱上选择性结合考察
尼莫地平（a）和硝苯地平（b）在 $Ca_V1.2$-SNAP 细胞膜色谱柱上具有较好的色谱行为，保留时间分别为 22.4 和 8.8 min；维拉帕米与地尔硫䓬无保留行为

进一步利用细胞膜色谱法的前沿分析法，考察了尼莫地平与 $Ca_V1.2$ 胞外段结合位点的亲和强度。尼莫地平的突破曲线和平衡常数结果如图 6-15 所示。随着流动相中尼莫地平的浓度增大，色谱突破曲线信号值逐步升高，拟合曲线如图 6-15（b）所示，K_D 值为 2.438 μmol/L。

2. $Ca_V1.2$ 拮抗剂抑制 MrgX2 介导的肥大细胞脱颗粒

选用临床常用的 $Ca_V1.2$ 拮抗剂硝苯地平、尼莫地平、尼卡地平、氨氯地平、维拉帕米和非洛地平预孵育 LAD2 细胞并给予 C48/80 激动，研究 $Ca_V1.2$ 拮抗剂对肥大细胞活化的抑制作用。实验结果显示，上述 $Ca_V1.2$ 拮抗剂对 C48/80 诱导的 LAD2 细胞脱颗粒均有抑制作用。其中尼莫地平的抑制作用最显著，IC_{50} 为 $(18.23±1.12) \times 10^{-6}$ mol/L，如图 6-16 所示。

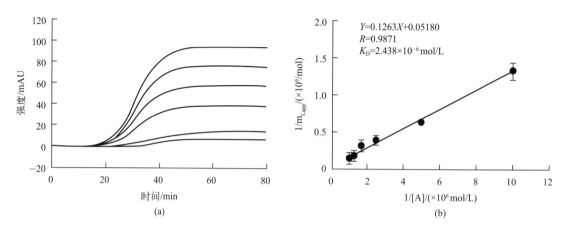

图 6-15
尼莫地平与 $Ca_V1.2$ 结合特性分析
(a) 尼莫地平在 $Ca_V1.2$-SNAP 细胞膜色谱柱上的突破曲线；(b) 线性回归曲线

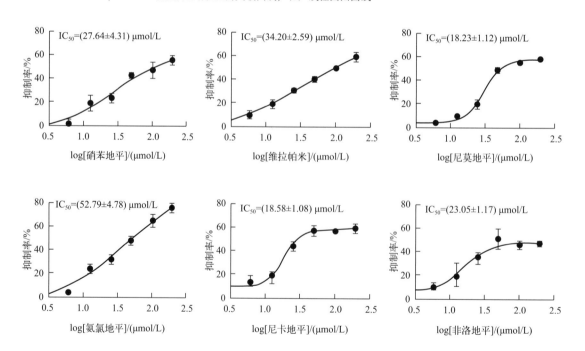

图 6-16
6 种 $Ca_V1.2$ 拮抗剂对 C48/80 诱导的 LAD2 细胞脱颗粒的影响

因尼莫地平的IC$_{50}$最低，所以继续对尼莫地平的抗类过敏作用进行考察。MrgX2有多种激动剂，为了进一步研究尼莫地平对肥大细胞的抑制作用，利用C48/80、SP、环丙沙星（Cipro.）和盐酸青藤碱（Sino.）4种MrgX2激动剂诱导肥大细胞的β-氨基己糖苷酶释放。结果如图6-17所示，尼莫地平剂量依赖地抑制了4种MrgX2激动剂引起的β-氨基己糖苷酶释放。

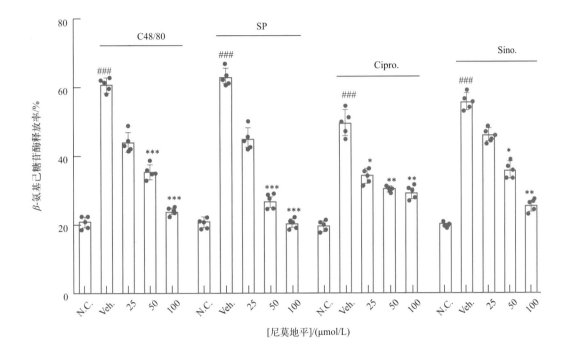

图6-17
尼莫地平对4种MrgX2激动剂引起的β-氨基己糖苷酶释放的影响
尼莫地平剂量依赖地抑制C48/80、SP、Cipro.、Sino.引起的β-氨基己糖苷酶释放。与Veh.组相比，*$P<0.05$，**$P<0.01$，***$P<0.001$；与N.C.组相比，###$P<0.001$。$n=5$

3. 尼莫地平抑制MrgX2介导的肥大细胞钙调动和细胞因子合成释放

MrgX2是G蛋白偶联受体，其活化的关键标志是细胞内钙调动。钙调动也是肥大细胞脱颗粒的首要条件。肥大细胞的活化除了速发的脱颗粒，还包括持续合成并释放炎性细胞因子，参与慢性炎症的发生。

本案例利用荧光钙成像技术，对尼莫地平抑制C48/80引起的LAD2细胞和小鼠腹腔肥大细胞（MPMC）钙调动进行了验证。同时，利用ELISA法检测发现了尼莫地平对2种肥大细胞TNF-α和CCL-2释放的抑制作用。结果如图6-18所示。

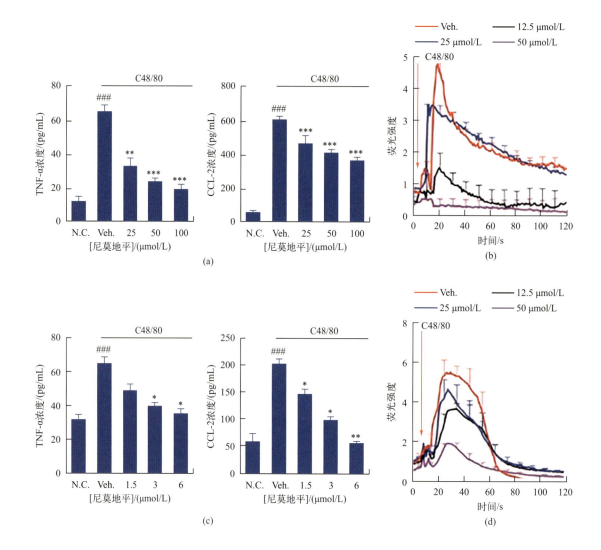

图 6-18
尼莫地平对 C48/80 引起的肥大细胞钙调动和细胞因子释放的影响

尼莫地平剂量依赖性地抑制 C48/80 引起的 LAD2 细胞 TNF-α、CCL-2 释放（a）和钙调动（b）；尼莫地平剂量依赖性地抑制 C48/80 引起的小鼠腹腔肥大细胞（MPMC）的 TNF-α、CCL-2 释放（c）和钙调动（d）。与 Veh. 组相比，* $P<0.05$，** $P<0.01$，*** $P<0.001$；与 N.C. 相比，### $P<0.001$。$n=5$

4. 尼莫地平抑制 MrgX2 引发的小鼠类过敏反应

体外实验证实了尼莫地平等 $Ca_V1.2$ 拮抗剂能够抑制 MrgX2 介导的肥大细胞活化。然而，$Ca_V1.2$ 拮抗剂在动物体内能否发挥抗类过敏活性仍需进一步研究。本案例构建了小鼠局部皮肤被动类过敏模型，实验结果证实，尼莫地平能够剂量依赖性地抑制小鼠局部皮肤类过敏反应，表现为小鼠足部肿胀减轻和血管伊文思蓝渗出程度减轻，结果如图 6-19 所示。

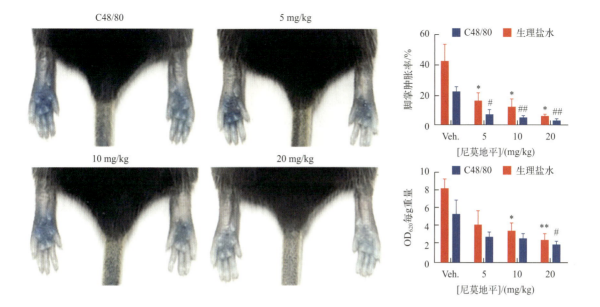

图6-19

尼莫地平对C48/80引起的小鼠局部皮肤类过敏反应的影响

尼莫地平剂量依赖性地抑制C48/80引起的小鼠局部皮肤类过敏反应，表现为脚掌肿胀率降低和伊文思蓝渗出减少。与Veh.组相比，$*P<0.05$，$**P<0.01$；$\#P<0.001$，$\#\#P<0.05$。$n=5$

进一步利用Avidin荧光染色观察小鼠局部皮肤类过敏反应发生时皮肤肥大细胞的脱颗粒程度，结果如图6-20所示。实验结果证实，尼莫地平能够剂量依赖性地改善肥大细胞脱颗粒时的边界模糊、内容物外泄。

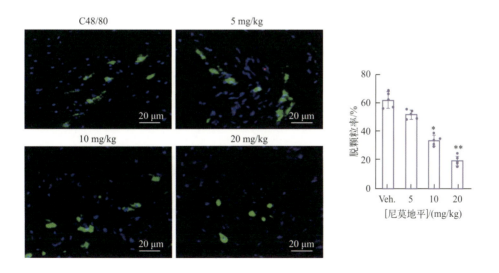

图6-20

尼莫地平对C48/80引起的小鼠局部皮肤肥大细胞脱颗粒的影响

尼莫地平剂量依赖性地抑制C48/80引起的小鼠局部皮肤肥大细胞脱颗粒。与Veh.组相比，$*P<0.05$，$**P<0.01$。$n=4$

(三) 小结

类过敏反应与肥大细胞脱颗粒密切相关,肥大细胞上的MrgX2受体被发现是引发类过敏反应的关键靶标。本案例首次利用CMC技术与方法,进一步揭示了肥大细胞上的$Ca_V1.2$通道也参与了细胞脱颗粒过程,而钙拮抗剂尼莫地平可抑制类过敏反应,随后的分子和细胞生物学实验也验证了CMC分析的实验结果。

(四) 案例启发

1. 为什么不同$Ca_V1.2$拮抗剂在本例中$Ca_V1.2$-SNAP细胞膜色谱柱上的色谱行为不同?
2. 如何将$Ca_V1.2$拮抗剂抑制类过敏反应这一研究发现应用于临床治疗?
3. 思考并尝试推导前沿分析法的理论公式。

案例4:罗红霉素的新药效——抗类过敏反应

罗红霉素(roxithromycin)是大环内酯类抗生素,临床上主要用于革兰氏阳性菌、厌氧菌、衣原体和支原体等感染的治疗。除此之外,基于新发现的免疫调节效应,罗红霉素也越来越多地应用于感染性疾病和免疫炎症的治疗。本案例利用MrgX2/CMC模型研究与验证,发现罗红霉素是MrgX2受体拮抗剂,可抑制其引发的类过敏反应。

(一) 实验方法

1. 实验材料

(1) 主要药品与试剂

罗红霉素(>98%),C48/80,β-氨基己糖,组胺,氘代组胺,Fluo-3 AM,胎牛血清,Stem Pro-34培养基,人mSCF,小鼠mSCF,小鼠IL-3,人TNF-α、MCP-1、IL-8 ELISA试剂盒,小鼠TNF-α、MCP-1、IL-8 ELISA试剂盒。

(2) 溶液配制

钙离子成像缓冲液:含葡萄糖 20 mmol/L、蔗糖 20 mmol/L、HEPES 10 mmol/L、NaCl 125 mmol/L、$NaHCO_3$ 1.2 mmol/L、$CaCl_2$ 2.5 mmol/L、KCl 3 mmol/L、$MgCl_2$ 0.6 mmol/L。固体充分溶解后调节pH为7.4。密封并储存于4℃备用。

台氏液(Tyrode's solution):含NaCl 137 mmol/L、KCl 2.68 mmol/L、$MgSO_4 \cdot 7H_2O$ 1.05 mmol/L、$NaH_2PO_4 \cdot 2H_2O$ 0.4 mmol/L、$NaHCO_3$ 11 mmol/L、$CaCl_2$ 1.8 mmol/L、葡萄糖 5.5 mmol/L。

（3）实验细胞

LAD2细胞：使用完全StemPro-34培养基，培养于37℃、5% CO_2培养箱中。

MrgX2-SNAP-Tag过表达HEK293细胞（MrgX2-HEK293）和仅转入空载质粒的对照细胞（NC-HEK293）：培养于含有10%胎牛血清、100 U/mL双抗的高糖DMEM中。

（4）实验动物

6~8周龄的Balb/c雄性小鼠。

2. 实验仪器

CMC/RL-分析仪［天然血管药物筛选与分析国家地方联合工程研究中心研制，悟空科学仪器（上海）有限公司生产］，CO_2恒温培养箱，Ti-U型倒置荧光显微镜。

3. 实验条件

（1）MrgX2-SNAP-tag细胞膜色谱法

向100 mL烧瓶中加入5.0 g戊二醛修饰的硅胶键合固定相和30 mL乙醇，并加入1.8 g（0.014 mol）O^6-苄基鸟嘌呤衍生物，回流6 h，得到O^6-(3-氨基苄基)-鸟嘌呤共价修饰的硅胶。胰酶消化后，4℃ 1000g离心并收集$3×10^7$个细胞。清洗细胞沉淀。用50 mmol/L的Tris-HCl溶液（5 mL）重悬细胞沉淀。超声仪中加入冰水混合物，超声破碎30 min，得细胞膜沉淀，重悬。再将细胞膜悬液与0.02 g O^6-(3-氨基苄基)-鸟嘌呤修饰的硅胶混合，37℃反应60 min后，即得细胞膜色谱固定相。涡旋细胞膜色谱固定相悬液，离心除去未充分结合的细胞膜。再次加入5 mL生理盐水重悬固定相。将细胞膜色谱固定相加入装柱机中，以1.0 mL/min的流速装柱，维持压力不超过10 MPa。

（2）色谱条件

流动相为1 mmol/L的磷酸氢二钠溶液；流速为0.2 mL/min；柱温为37℃；进样体积为5 µL。

（3）组胺浓度检测

收集小鼠血清或细胞上清液，使用LCMS-8040质谱仪检测。等速洗脱缓冲液由含有0.1%甲酸和20 mmol/L甲酸铵的乙腈-水（体积比为77∶23）组成，流速为0.3 mL/min，用于洗脱组胺。利用氘代组胺内标法检测生物样本中的组胺含量。

（4）表面等离子体共振（SPR）分析

SPR分析中，MrgX2（50 µg/mL）通过EDC/NHS体系捕获耦合固定在羧基传感器芯片上。利用OpenSPR在25℃下检测MrgX2与小分子的相互作用强度。结合时间和解离时间均为250 s，流速为20 µL/s。采用一对一扩散校正模型拟合罗红霉素浓度变化引起的波长偏移。使用TraceDrawer软件检索和分析数据。

（5）蛋白质免疫印迹（Western blot）

利用含10%蛋白酶抑制剂和磷酸酶抑制剂的RIPA裂解缓冲液提取LAD2细胞总蛋白。利用BCA蛋白质定量试剂盒检测蛋白质浓度。加入5×样品缓冲液将蛋白质煮沸5 min，使蛋白质充分变性。使用SDS聚丙烯酰胺凝胶电泳分离蛋白质，将分离的蛋白质转移至PVDF膜上。室温下用脱脂奶粉封闭2 h。然后将膜加入对应一抗，4℃孵育过夜。用TBST洗涤膜10 min，共洗涤三次。室温下加入二抗孵育2 h。随后用TBST洗涤膜10 min，共洗涤三次，并使用增强化学发光（ECL）试剂盒显影。利用Lane 1DTM透照仪对发光条带拍照，并使用Image Pro Plus 5.1软件量化蛋白质表达水平。

（二）实验结果

1. 罗红霉素与MrgX2之间存在相互作用

利用构建的MrgX2-SNAP细胞膜色谱模型考察了MrgX2和罗红霉素间的相互作用。结果如图6-21所示，罗红霉素与MrgX2有相互作用。

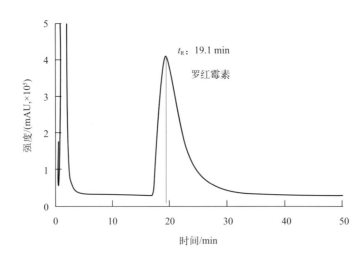

图6-21
罗红霉素在MrgX2/CMC模型上的结合曲线

罗红霉素在MrgX2-SNAP-tag细胞膜色谱柱上有良好的保留行为，保留时间为19.1 min。进一步利用SPR研究了MrgX2和罗红霉素间的直接相互作用。将不同浓度的罗红霉素（6.25 μmol/L、12.5 μmol/L、25 μmol/L、50 μmol/L）注入反应室，检测并记录衍射波长的变化，以评估相互作用强度。通过TraceDrawer软件分析数据，K_D值为$(28.00±3.96)×10^{-8}$ mol/L。结果如图6-22所示。

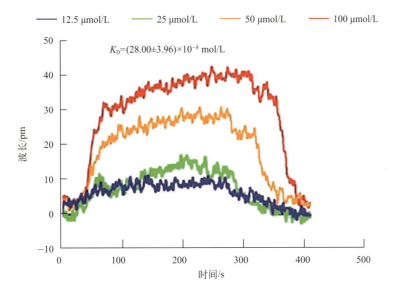

图6-22
SPR检测罗红霉素与MrgX2相互作用强度

2. 罗红霉素抑制MrgX2介导的钙调动和相关通路蛋白质活化

C48/80能够引起MrgX2高表达细胞显著的钙离子内流，是受体活化的重要标志。使用CIB孵育液配制相应浓度的罗红霉素，预先孵育MrgX2高表达细胞30 min。随后在荧光显微镜下用C48/80刺激，观察不同组内高表达细胞的钙离子内流情况。与空白对照组相比，C48/80引起了高表达细胞显著的钙离子内流。而罗红霉素预先孵育显著抑制了钙离子的内流。结果如图6-23所示。

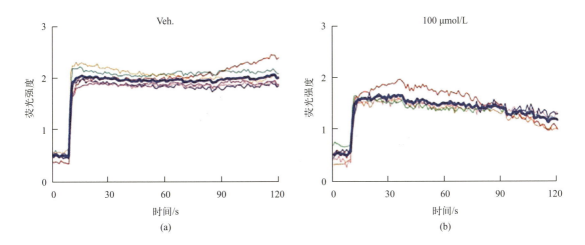

图6-23

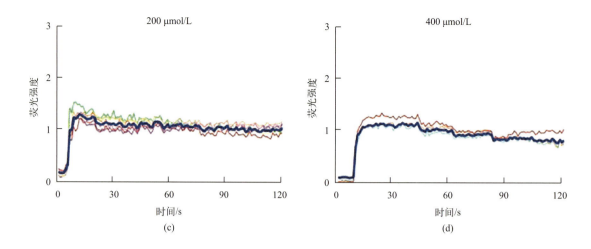

图6-23
罗红霉素对C48/80引起的MrgX2高表达细胞钙离子内流的影响
(a) 空白对照组结果；(b) 100 μmol/L罗红霉素组结果；(c) 200 μmol/L罗红霉素组结果；(d) 400 μmol/L罗红霉素组结果。细线代表各个细胞荧光强度均值

进一步研究了罗红霉素对肥大细胞钙调动的抑制情况。与空白对照组相比，C48/80引起了肥大细胞显著的钙离子内流。而罗红霉素预先孵育显著抑制了肥大细胞钙离子的内流。结果如图6-24所示。

钙离子相关通路是MrgX2下游的关键通路。PLC-γ1、IP3R和P38是通过Ca^{2+}/PLC/IP3途径调节细胞内钙离子浓度和肥大细胞脱颗粒的关键蛋白质。MrgX2激动引起肥大细胞相应蛋白质（包括PLC-γ1/IP3/P38）的磷酸化水平上调。以GAPDH作为内部参照蛋白质，实验结果发现罗红霉素剂量依赖性地抑制C48/80介导的PLC-γ1、IP3R和P38磷酸化水平，如图6-25所示。

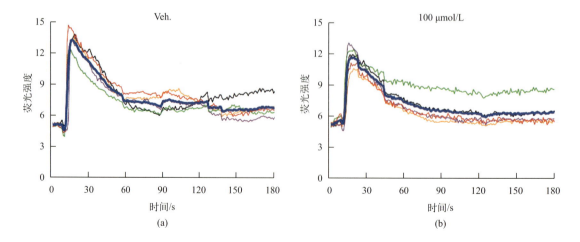

图6-24

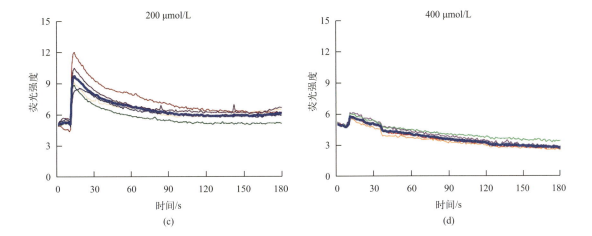

图6-24

罗红霉素对C48/80引起的肥大细胞钙离子内流的影响

(a) 空白对照组结果;(b) 100 μmol/L罗红霉素组结果;(c) 200 μmol/L罗红霉素组结果;(d) 400 μmol/L罗红霉素组结果。细线代表各个细胞荧光均值

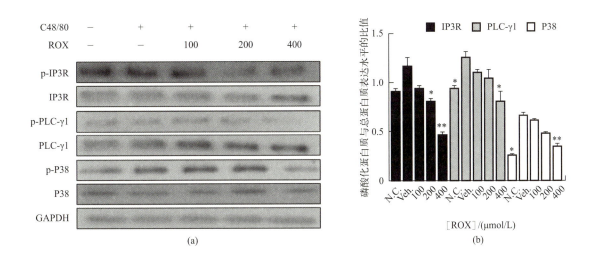

图6-25

罗红霉素对LAD2细胞中PLC-γ1、IP3R和P38蛋白质活化的抑制情况

(a) Western blot条带结果;(b) 蛋白质表达定量结果。p-PLC-γ1、p-IP3R和p-P38为磷酸化的PLC-γ1、IP3R和P38。与Veh.组相比,$*P<0.05$,$**P<0.01$。$n=5$

3. 罗红霉素抑制MrgX2介导的肥大细胞脱颗粒和细胞因子合成释放

以β-氨基己糖苷酶释放率和组胺的浓度评价罗红霉素对LAD2细胞脱颗粒的抑制作用。β-氨基己糖苷酶的释放率为61.63%±4.14%,组胺释放量

为 (94.52±4.95) ng/mL。罗红霉素（ROX）剂量依赖性地抑制 LAD2 细胞中 β-氨基己糖苷酶和组胺的释放。罗红霉素抑制 β-氨基己糖苷酶释放的 IC_{50} 为 (55.17±1.09) μmol/L。结果如图 6-26 所示。

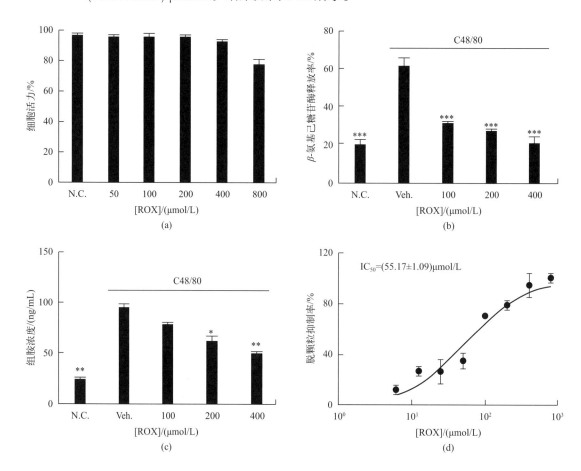

图 6-26
罗红霉素对 C48/80 介导的 LAD2 细胞脱颗粒的抑制作用考察结果
(a) 罗红霉素浓度小于 400 μmol/L 时，对 LAD2 细胞的增殖没有明显影响；(b) ~ (d) 罗红霉素抑制 C48/80 引起的 LAD2 细胞 β-氨基己糖苷酶释放、组胺释放，IC_{50} 为 (55.17±1.09) μmol/L。与 Veh. 组相比，***$P<0.001$

  LAD2 细胞在类过敏反应中释放多种细胞因子，可引发大量下游炎性介质释放诱导的迟发性类过敏反应。通过 ELISA 法检测细胞因子释放。结果显示罗红霉素在体外以剂量依赖性的方式抑制 LAD2 细胞中细胞因子的释放，IL-8 和 MCP-1 浓度显著降低而 TNF-α 浓度仅轻微下降。罗红霉素还以剂量依赖性的方式抑制 BMMC 中细胞因子的释放，当浓度为 400 μmol/L 时，罗红霉素显著抑制小鼠骨髓肥大细胞 BMMC 中 MCP-1 和 TNF-α 的释放。结果如图 6-27 所示。

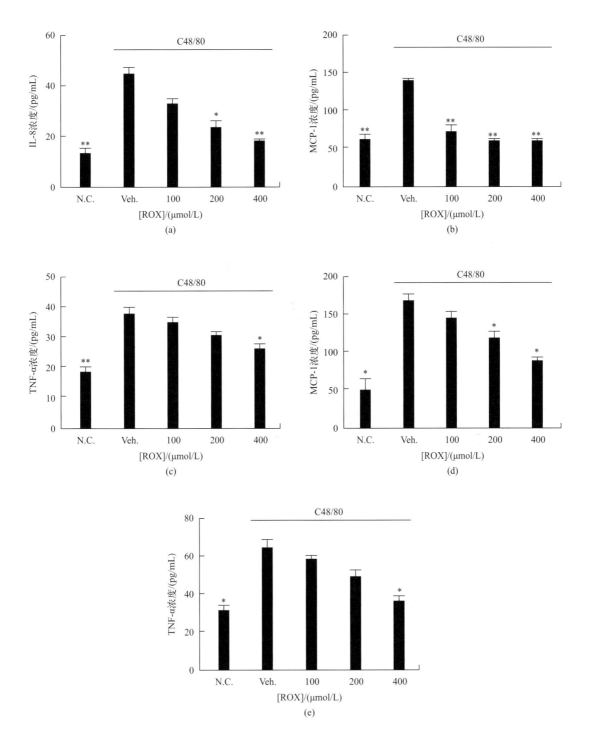

图6-27
罗红霉素对肥大细胞细胞因子释放的影响
（a）~（c）罗红霉素剂量依赖性地抑制LAD2细胞IL-8、MCP-1、TNF-α释放；（d）~（e）罗红霉素剂量依赖性地抑制BMMC细胞MCP-1、TNF-α释放。与Veh.组相比，$*P<0.05$，$**P<0.01$，$***P<0.001$。$n=4$

4. 罗红霉素抑制MrgX2介导的小鼠类过敏反应

构建小鼠皮肤局部类过敏模型用于评估罗红霉素对体内类过敏反应的抑制作用。预先将小鼠灌胃给药对应浓度的罗红霉素，左足注射C48/80（30 μg/mL）引发局部类过敏，右足注射等体积生理盐水作为空白对照。与灌胃溶剂相比，罗红霉素剂量依赖性地抑制C48/80引起的小鼠脚掌厚度增加。当罗红霉素浓度为80 mg/kg时，脚掌厚度增加率为空白对照组的一半。伊文思蓝的渗出也剂量依赖性地被罗红霉素抑制。结果如图6-28所示。

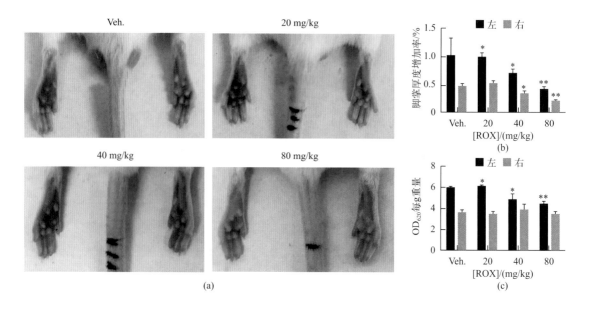

图6-28
罗红霉素对C48/80引起的小鼠皮肤被动类过敏的作用考察
（a）小鼠足趾照片；（b）罗红霉素剂量依赖性地抑制小鼠脚掌厚度增加和伊文思蓝渗出。与 Veh.组相比，$*P<0.05$，$**P<0.01$。$n=5$

（三）小结

本案例利用MrgX2/CMC技术与方法，研究发现了罗红霉素可作用于肥大细胞上的MrgX2受体，具有抗类过敏反应的药理活性及作用机制。进一步的动物实验也证实罗红霉素可抑制C48/80诱导的局部皮肤类过敏反应。

（四）案例启发

1. 罗红霉素作为抗类过敏反应的潜在药物有什么优势？
2. 钙离子在整个细胞生理调控中的作用是什么？
3. 对比SPR法和前沿分析法的优缺点。

第二节
CMC模型研究SARS-CoV-2

2019年12月，严重急性呼吸综合征冠状病毒（SARS-CoV-2）感染全球暴发并迅速蔓延流行，极大地威胁了人类的生命健康。应对新型冠状病毒感染的最有效方式是早诊断、早发现、早隔离，但当时应急的研究手段和方法十分有限。在这一背景下，贺浪冲教授团队应用CMC技术和方法及时地开展了抗SARS-CoV-2的研究，以下简要介绍三个典型研究案例。

案例1：双重阻断SARS-CoV-2膜融合的CMC模型

严重急性呼吸综合征冠状病毒2（SARS-CoV-2）表面S蛋白的受体结合域（RBD）与人宿主细胞上的血管紧张素转换酶2（ACE2）受体特异性结合，这一过程同时有宿主细胞上TMPRSS2酶的参与，引发病毒与宿主细胞的膜融合过程而感染。所以，病毒S蛋白和宿主TMPRSS2酶是病毒通过膜融合途径感染人体的两个关键靶标，本案例利用CMC技术，首次构建了S-SNAP-tag/CMC和TMPRSS2-SNAP-tag/CMC模型，用于筛选发现具有双重阻断SARS-CoV-2膜融合的小分子拮抗剂。

（一）实验方法

1. 实验材料

甲磺酸卡莫司他（纯度≥98%），筛选中药组分小分子（纯度≥98%），DMEM，萤光素酶检测试剂盒，甲醇（色谱级），胎牛血清（FBS），杀稻瘟素，嘌呤霉素，SARS-CoV-2 Spike假病毒，ACE2，硅胶，三（羟甲基）氨基甲烷（Tris），氯化钠（NaCl）。

2. 实验仪器

CMC/RL-分析仪［天然血管药物筛选与分析国家地方联合工程研究中心研制，悟空科学仪器（上海）有限公司生产］，VC500细胞破碎仪，化学和生物发光酶标仪，二氧化碳细胞培养箱，倒置显微镜，扫描电子显微镜，高速离心机，移液枪，高效液相色谱仪（LC-2030C型），分析天平（精确至0.01 mg），多用摇床，立式压力蒸汽灭菌锅，小型涡旋振荡器，RPL-ZD10色谱填料装柱机，超纯水器，流动相抽滤装置，超净工作台，生物安全柜，傅里叶红外光谱仪（Nexus-410型），数控超声波清洗仪，循环水式多用真空泵。

3. 实验条件

（1）S^h/CMC-固定相和TMPRSS2^h/CMC-固定相的生物合成

首先将2 g SiO_2-三聚氯氰（TCT）置于反应瓶中，反应瓶中加50 mL N,N-

二甲基甲酰胺,再加入50 mg 6-[[4-(氨基甲基)苯基]甲氧基]-7H-嘌呤-2-胺,超声后加入磁转子,在95℃下搅拌回流反应8 h,反应完成后冷却至室温并进行抽滤,用N,N-二甲基甲酰胺清洗产物,随后用无水乙醇多次重复清洗产物,干燥后即得SiO_2-苄基鸟嘌呤(BG)。

取对数生长期的S^h和$TMPRSS2^h$细胞(不少于10^7个),用0.25%胰蛋白酶消化后,于4℃条件下1000g离心10 min,去除上清液,沉淀加入生理盐水后混悬。清洗2次,吸去细胞中残留的培养基。向细胞沉淀中加入5 mL 50 mmol/L的Tris-HCl溶液重悬,置于超声仪,冰浴下破碎细胞。4℃ 1000g离心10 min,将上清液转移至新的离心管中于4℃ 12000g离心20 min。弃上清液,细胞膜沉淀使用生理盐水重悬,多次清洗后混悬,将细胞膜悬液加入0.05 g SiO_2-BG内,37℃条件下振荡30 min。

将所得细胞膜色谱固定相于4℃条件下1000g离心10 min,用生理盐水洗涤以去除多余的未包裹在SiO_2上的细胞膜,混悬后加至装柱机中,三蒸水为流动相,装柱期间压力不超过10 MPa,时间为10 min,即得细胞膜色谱柱。

(2)S^h/CMC-固定相和$TMPRSS2^h$/CMC-固定相的表征

固定相的傅里叶变换红外光谱表征:分别称取适量如前所述已制备的SiO_2-BG硅胶及S^h/CMC-固定相和$TMPRSS2^h$/CMC-固定相烘干后硅胶粉末,将称得样品与KBr(样品与KBr质量比为1∶50)共同加入玛瑙乳钵中研磨,充分研磨后,使用压片磨具进行压片并利用傅里叶变换红外光谱仪(FTIR)测定其红外吸收光谱。在每个样品进行测定前使用KBr粉末制备空白样以删除干扰。

固定相的扫描电镜(SEM)表征:采用扫描电镜对SiO_2-BG硅胶及S^h/CMC-固定相和$TMPRSS2^h$/CMC-固定相的表面形貌进行观察,以确定固定相是否制备成功。首先将双面导电胶贴在样品底座上,用牙签将微量固定相固定于样品台,吹去未固定的样品后进行喷金处理,之后将样品放入GEMINI500型场发射扫描电镜中,在测定电压为2 kV、放大倍数为5000倍和12000倍、工作距离为6.9 mm的条件下观察固定相表面形貌变化。

(3)S^h/CMC柱和$TMPRSS2^h$/CMC柱选择性考察

ACE2检测色谱条件:流动相为10 mmol/L Na_2HPO_4/50 mmol/L Na_2HPO_4 = 10%/2%(pH=7.4);流速为0.2 mL/min;柱温为37℃;硅胶粒径为5 μm;进样量为5 μL;检测器为二极管阵列检测器,检测波长为230 nm。

甲磺酸卡莫司他溶液检测色谱条件:流动相为50 mmol/L Na_2HPO_4溶液(pH = 7.4);流速为0.2 mL/min;柱温为37℃;硅胶粒径为5 μm;进样量为

5 µL；检测器为二极管阵列检测器，检测波长为 293 nm。

（4）潜在活性成分的筛选

① 供试品溶液配制：称取约 1.0 mg 对照品粉末，超声溶于适量甲醇或三蒸水中，将溶液转移至 1 mL 容量瓶，定容至刻度线，配制成浓度为 1 mg/mL 的对照品溶液，经 0.22 µm 微孔滤膜过滤，弃去初滤液，取续滤液随即使用或于 -20℃保存。

② 色谱条件：

色谱柱：S[h]/CMC 柱和 TMPRSS2[h]/CMC 柱，10 mm × 2.0 mm，硅胶粒径为 5 µm；

流动相：1 mmol/L Na_2HPO_4 溶液，pH = 7.4；

检测器：二极管阵列检测器；

柱温：37℃；

进样量：5 µL。

③ 进样分析：将制备好的 S[h]/CMC 柱和 TMPRSS2[h]/CMC 柱按以上色谱条件平衡 120 min，待柱压和检测器基线均稳定后开始运行批处理文件。通过与 HEK293T/CMC 对照组比较，排除假阳性结果。

（5）假病毒入侵实验

将 $5×10^4$ 个 ACE2[h] 细胞以 100 µL/孔的接种体积接种于 96 孔白色平板中。在 37℃、含 5% CO_2 的培养箱中培养 2 h。从 96 孔中吸出 50 µL 培养液，向各孔中加入 50 µL 含相应浓度药物的培养基，给药后每孔加入假病毒 5 µL。孵育 6~8 h 进一步感染后，吸弃各孔中含病毒的培养基，补充 200 µL 新鲜的 DMEM 完全培养基，紧接着在 37℃孵育 48 h。

检测方法：吸弃细胞上清液，加入 20 µL 的细胞裂解液（5×）。在萤光素酶检测前，96 孔板中各孔加入 100 µL 发光液，进行化学发光检测。随后使用同样的方法验证药物是否对表达有 SARS-CoV-2 S 蛋白的假病毒进入 ACE2[h]/TMPRSS2[h] 细胞的抑制作用。根据不同浓度药物对两种细胞的抑制率分别计算 IC_{50}。

（二）实验结果

1. S[h]/CMC 模型与 TMPRSS2[h]/CMC 模型与抗病毒候选化合物筛选

如图 6-29 所示，利用 CMC 法对靶向 SARS-CoV-2 S 蛋白和宿主细胞表面 TMPRSS2 的药物进行筛选，通过分析药理学、分子生物学等手段筛选和探究能够直接靶向 S 蛋白和 TMPRSS2 的小分子拮抗剂，对药物的抗病毒活性进行评价。

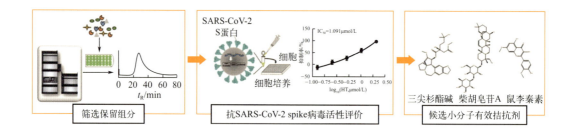

图6-29
S^h/CMC与TMPRSS2^h/CMC模型建立及筛选分析抗病毒小分子示意图

2. S^h/CMC-固定相和TMPRSS2^h/CMC-固定相表征

为了更清楚地观察到CMC-固定相的形态，采用扫描电镜（SEM）对两种固定相表面形貌进行了表征。如图6-30（a）所示，可以观察到SiO_2-BG之间界限清晰。如图6-30（b）和图6-30（c）所示，当对SiO_2-BG使用S^h细胞膜和TMPRSS2^{h}细胞膜进行修饰后，硅胶表面出现细胞膜包裹。图6-30（d）为放大后的光滑微凹SiO_2-BG表面。图6-30（e）和图6-30（f）中SiO_2-BG表面出现一层覆盖物，表面变得粗糙，这证明了S^h细胞膜及TMPRSS2^{h}细胞膜对硅胶修饰成功，S^h/CMC-固定相及TMPRSS2^h/CMC-固定相成功构建。

图6-30
SiO_2-BG、SiO_2-S^h/CMC、SiO_2-TMPRSS2^h/CMC的SEM表征结果
(a)、(d) SiO_2-BG的SEM表征结果；(b)、(e) SiO_2-S^h/CMC的SEM表征结果；(c)、(f) SiO_2-TMPRSS2^h/CMC的SEM表征结果。
(a)、(b) 和 (c) 图例为2μm，放大倍数为4000倍；(d)、(e) 和 (f) 图例为200nm，放大倍数为40000倍

如图 6-31 所示，本案例用 FT-IR 对 SiO_2-BG、SiO_2-S^h/CMC 和 SiO_2-$TMPRSS2^h$/CMC 进行了表征。在 1734 cm^{-1} 处（羧基 C=O 伸缩振动）和 1654 cm^{-1} 处（酰胺 C=O 伸缩振动）的基本特征峰是由琥珀酸酐成功键合而形成的。红外光谱图中 3432 cm^{-1} 处出现了由 BG 的取代引起的—NH_2 的伸缩振动。在 SiO_2-S^h/CMC 和 SiO_2-$TMPRSS2^h$/CMC 两个 SiO_2-CMC 的红外光谱图中，2955.67 cm^{-1} 处的特征吸收峰对应细胞膜中脂类和蛋白质的—CH_3。结果表明 S^h/CMC-固定相和 $TMPRSS2^h$/CMC-固定相成功构建。

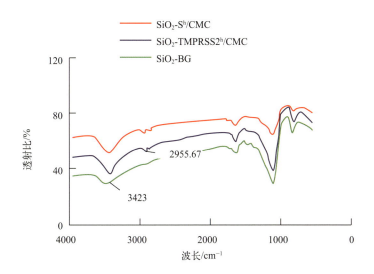

图 6-31
SiO_2-BG、SiO_2-S^h/CMC 和 SiO_2-$TMPRSS2^h$/CMC 的傅里叶变换红外光谱图

3. CMC-固定相生物活性的特异性识别分析

S^h/CMC-固定相表面为固化的 S 蛋白，$TMPRSS2^h$/CMC-固定相表面为固化的 TMPRSS2，因此利用所制备的 S^h/CMC 柱和 $TMPRSS2^h$/CMC 柱对 ACE2 和小分子抑制剂卡莫司他进行筛选，以考察所制备的固定相的选择性。ACE2 是 SARS-CoV-2 病毒 S 蛋白与细胞结合的受体，因此 ACE2 可与 S 蛋白特异性结合。卡莫司他是 TMPRSS2 抑制剂，可与 TMPRSS2 特异性结合。卡莫司他无法与 S 蛋白特异性结合，因此在 S^h/CMC 柱上无明显保留行为。ACE2 无法与 TMPRSS2 特异性结合，因此在 $TMPRSS2^h$/CMC 柱上无明显保留行为。如图 6-32（a）所示，ACE2 在 S^h/CMC 柱上有明显保留，卡莫司他无保留。如图 6-32（b）所示，卡莫司他在 $TMPRSS2^h$/CMC 上有明显保留，但 ACE2 无保留。因此，本案例构建的 S^h/CMC 柱和 $TMPRSS2^h$/CMC 柱具有一定的特异性，可用于后续小分子拮抗剂的筛选。

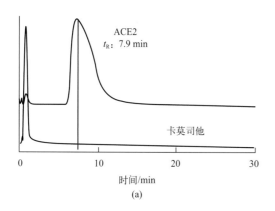
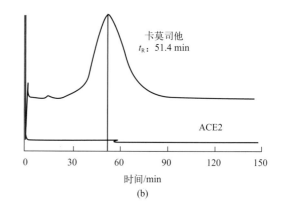

图 6-32
S^h/CMC 柱和 TMPRSS2^h/CMC 柱的特异性考察结果
（a）ACE2 和卡莫司他在 S^h/CMC 柱上的保留行为；（b）卡莫司他和 ACE2 在 TMPRSS2^h/CMC 柱上的保留行为

4. 应用 S^h/CMC 模型筛选候选拮抗剂

本案例建立的 S^h/CMC-固定相上有大量的新冠病毒 S 蛋白结合位点，可特异性筛选分析与 S 蛋白存在结合作用的小分子化合物，在病毒感染暴发后药物再利用的过程中发挥重要作用。

利用构建的 S^h/CMC 抗新冠病毒药物筛选平台，对实验室的中药小分子化合物库进行筛选，其中，三尖杉酯碱、柴胡皂苷 A、鼠李秦素在 S^h/CMC 柱上具有较好的保留行为，如图 6-33 所示。

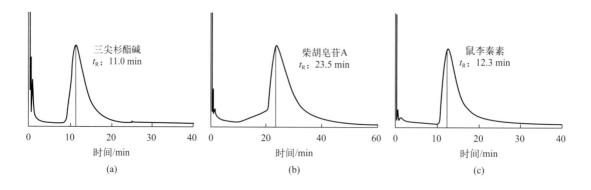

图 6-33
不同化合物在 S^h/CMC 柱上的结合曲线

5. 用 TMPRSS2^h/CMC 模型筛选候选拮抗剂

本案例利用已构建的 TMPRSS2^h/CMC 抗新冠病毒药物筛选平台，对中药小分子化合物库进行筛选。如图 6-34 所示，三尖杉酯碱在 TMPRSS2^h/CMC 柱上具有良好保留。

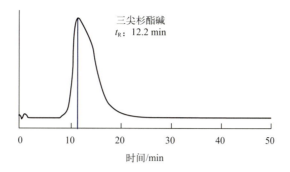

图6-34
三尖杉酯碱在TMPRSS2^h/CMC柱上的结合曲线

6. 小分子拮抗剂活性验证

综合S^h/CMC模型实验结果,选取在S^h/CMC柱上具有良好保留特性的药物进行假病毒入侵实验。以20 μmol/L的浓度配制小分子药物孵育液,给药后每孔加入5 μL假病毒。孵育6~8 h进一步感染后,吸弃含病毒的培养基,更换为200 μL新鲜的DMEM完全培养基,紧接着在37℃孵育48 h后检测。本实验以氯喹(chloroquine)作为阳性药,氯喹是一种内吞抑制剂,已被证明其能够有效抑制病毒通过内吞途径入侵宿主细胞。

如图6-35所示,在S^h/CMC模型筛选出的多种保留成分中,三尖杉酯碱、柴胡皂苷A、鼠李秦素具有良好的抗假病毒入胞活性;短葶山麦冬皂苷C、甲基莲心碱、紫檀芪、山奈酚、木犀草素、芹菜素抗假病毒入胞效果较弱。其余保留成分无抗病毒效果。

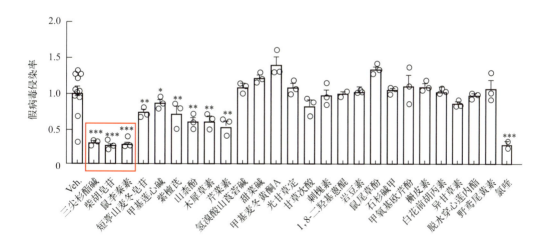

图6-35
S^h/CMC模型保留组分对假病毒侵染ACE2^{h}细胞的抑制作用
方框中为筛选出用于后续研究的小分子,*$P<0.05$,**$P<0.01$,***$P<0.001$ vs. Veh.,$n=3$

利用已构建的ACE2^h/TMPRSS2^{h}细胞评价系统，本实验对TMPRSS2^h/CMC模型保留成分进行抗假病毒感染活性评价实验。如图6-36所示，在TMPRSS2^h/CMC模型筛选出的保留成分中，三尖杉酯碱具有良好的抗SARS-CoV-2假病毒入侵ACE2^h/TMPRSS2^{h}细胞的作用，甲基麦冬煌烷酮A和补骨脂素的抗假病毒效果较弱，其余保留成分无抗病毒效果。本实验中，以TMPRSS2酶抑制剂卡莫司他作为阳性药。

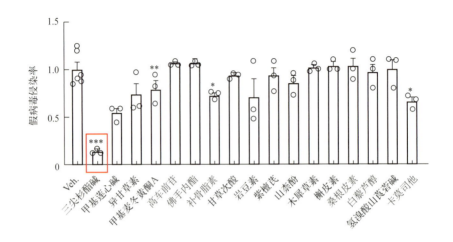

图6-36
TMPRSS2^h/CMC模型保留组分对假病毒侵染ACE2^h/TMPRSS2^{h}细胞的抑制作用
方框中为筛选出用于后续研究的小分子，$*P<0.05$，$**P<0.01$，$***P<0.001$ vs.Veh.，$n = 3$

以上结果显示，三尖杉酯碱、柴胡皂苷A和鼠李秦素三种中药小分子化合物均能够有效抑制假病毒入侵ACE2^{h}细胞或ACE2^h/TMPRSS2^{h}细胞。

（三）小结

本案例首次提出利用小分子药物直接阻断新冠病毒入侵宿主细胞的新思路，在实现途径方面，成功构建了S^h/CMC模型和TMPRSS2^h/CMC模型，并将CMC模型用于现有药物和中药组分的筛选，是在应急条件下的一种有效研发模式。

（四）案例启发

1. 本案例中首次应用了新冠病毒表面S蛋白进行CMC-固定相的制备，其完全不同于常规的细胞膜受体，在构建高表达S蛋白的工具细胞时应注意哪些关键环节？

2. 本案例利用S^h/CMC模型和TMPRSS2^h/CMC模型，发现了三尖杉酯碱、柴胡皂苷A和鼠李秦素能够有效抑制假病毒入侵ACE2^{h}细胞与ACE2^h/TMPRSS2^{h}细胞，请从结构生物学角度解释其共性和差异性。

3. 请分析一下 S^h/CMC 模型和 TMPRSS2^h/CMC 模型筛选结果与生物活性的相关性，试述对于其间差异应如何改进。

案例 2：SARS-CoV-2 双重阻断剂——三尖杉酯碱

2019 年新型冠状病毒 SARS-CoV-2 感染暴发后，靶向抗病毒药物缺失是当时面临的突出问题。本案例首次提出了"双重阻断新冠病毒膜融合"的研发思路，三尖杉酯碱（harringtonine）就是第一个利用 CMC 技术筛选发现的有效双重阻断剂。三尖杉酯碱是我国秦岭地区特有药用植物粗榧（*Cephalalotaxus sinensis*）中的主要成分之一，临床应用剂型为三尖杉酯碱注射液，主要用于治疗急性髓细胞性白血病。

（一）实验方法

1. 实验材料

（1）主要药品与试剂

DMEM 培养基，萤光素酶检测试剂，甲醇（色谱级），胎牛血清（FBS），杀稻瘟素，SARS-CoV-2 Spike 假病毒，SYBR Premix Ex Taq，三尖杉酯碱对照品（纯度≥98%），Nano-Glo® 萤光素酶检测系统，胰蛋白胨，酵母提取物，脂质体 3000 转染试剂，Opti-MEM，VSV-G，GFP-luciferase-Delta 假病毒，GFP-luciferase-Omicron 假病毒，无内毒素质粒小量提取试剂盒，RNA 小量提取试剂盒，CCK-8 试剂盒，PrimeScript RT 反转录试剂盒。

（2）实验细胞

① 构建 ACE2 和 TMPRSS2 共同高表达的 HEK293T 细胞（ACE2^h/TMPRSS2^h 细胞）：TMPRSS2 慢病毒感染 ACE2^h 细胞后经过杀稻瘟素筛选得到。

② 构建 SARS-CoV-2-Spike-SNAP-tag 稳转细胞株（S^h 细胞）：在 SARS-CoV-2 S 蛋白基因的 C 端插入 SNAP-tag 基因，利用基因工程技术构建获得，酶切位点 NheI/PacI。

③ 构建 TMPRSS2-SNAP-tag 稳转细胞株（TMPRSS2^h 细胞）：在 TMPRSS2 基因的 C 端插入 SNAP-tag 基因，利用基因工程技术构建获得，酶切位点 BamhI/NheI。

2. 实验仪器

CMC/RL-分析仪 [天然血管药物筛选与分析国家地方联合工程研究中心研制，悟空科学仪器（上海）有限公司生产]，SYBYL-X 1.1 工作站，VC500 细胞破碎仪，荧光定量 PCR 仪，化学和生物发光酶标仪，二氧化碳细胞培养箱，Nanodrop 分光光度计，倒置显微镜，高速离心机，分析天平（精确至 0.01 mg），多用摇床，立式压力蒸汽灭菌锅，小型涡旋振荡器，RPL-ZD10 色谱填料装柱机，超纯水器，流动相抽滤装置，超净工作台，生物安全柜，数控超声波清洗仪，循环水式多用真空泵，FV3000激光扫描共聚焦显微镜。

3. 实验条件

（1）供试品溶液配制

称取约1.0 mg对照品粉末，超声溶于适量甲醇或三蒸水，转移至1 mL容量瓶，定容至刻度线，配制成浓度为1 mg/mL的对照品溶液，经0.22 μm微孔滤膜过滤，弃去初滤液，取续滤液随即使用或于-20℃保存。

（2）色谱条件

色谱柱：S^h/CMC柱和$TMPRSS2^h$/CMC柱，10 mm×2.0 mm，硅胶粒径为5 μm；

流动相：1 mmol/L Na_2HPO_4溶液，pH = 7.4；

检测器：二极管阵列检测器；

柱温：37℃；

进样量：5 μL。

（3）分子对接

使用SYBYL-X 2.0版本进行分子对接研究。导入S蛋白（PDB代码：6M0J）、TMPRSS2（PDB代码：7MEQ）、Delta-S RBD（PDB代码：7SBL）、BA.1 RBD（PDB代码：7U0N）、BA.5 RBD（PDB代码：7XWA），去除水分子并添加氢。采用Tripos力场和Pullman电荷使其能量最小化。三尖杉酯碱采用Sybyl/Sketch模块（Tripos Inc）描述，采用Powell方法优化，采用收敛准则为0.005 kcal/（Å·mol）的Tripos力场，采用Gasteiger-Hückel方法赋值。

（4）假病毒入侵实验

将$5×10^4$个$ACE2^h$细胞以100 μL/孔的接种体积接种于96孔白色平板中。在37℃、含5% CO_2的培养箱中培养2 h。从96孔板的各孔中吸出50 μL培养液，再加入50 μL含相应浓度药物的培养基，给药后每孔加入假病毒5 μL。孵育6～8 h进一步感染后，吸弃含病毒的培养基，更换为200 μL新鲜的DMEM完全培养基，并且紧接着在37℃孵育48 h。

检测方法：吸弃细胞上清液，加入20 μL细胞裂解液（5×）。在萤光素酶检测前，向96孔板各孔加入100 μL的发光液，进行化学发光检测。根据不同浓度药物对两种细胞的抑制率分别计算IC_{50}。

（5）膜融合检测

将$ACE2^h$细胞接种到6孔板中培养。次日分别用LgBit大亚基质粒和SmBit小亚基质粒转染$ACE2^h$细胞24 h。将转染后的两种细胞1:1混合并孵育过夜。用S蛋白质粒转染混合细胞，给药后培养24 h，拍照后加入Nano-Glo®萤光素酶检测并使用化学发光酶标仪评价其发光强度。

（6）病毒感染抑制实验

用含2%胎牛血清的DMEM连续2倍稀释药物，然后与等体积的稀释病毒原液混合。室温孵育30 min后，将Vero E6细胞以1.0×10^5个/孔的密度接种于24孔板中孵育过夜；用含2.5%胎牛血清的DMEM洗涤3次后，加入药物与病毒混合感染液。感染48 h后收集上清液进行病毒RNA的qPCR检测，同时使用10%中性福尔马林固定细胞进行免疫荧光染色。

使用RNA小量提试剂盒纯化病毒RNA，并使用引物ORF1ab（正向引物：5′-CCCTGTGGGTTTTACACTTAA-3′；反向引物：5′-ACGATTGTGCATCAGCTGA-3'）进行定量。

（二）实验结果

1. 三尖杉酯碱双重阻断新冠病毒膜融合

基于"双重阻断SARS-CoV-2膜融合"的新思路（图6-37），本案例研究人员认为三尖杉酯碱直接阻断S蛋白结合与TMPRSS2酶的水解功能，抑制感染的初始步骤，同时也避免了对ACE2正常功能的影响。

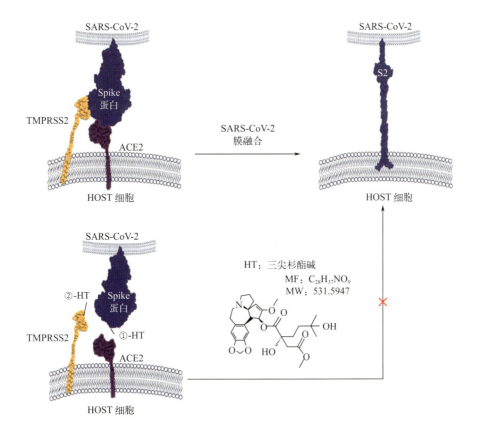

图6-37
三尖杉酯碱双重阻断新冠病毒膜融合示意图

2. 三尖杉酯碱与S蛋白结合特性分析

采用相对标准法测定三尖杉酯碱与S蛋白的亲和强度K_D值（图6-38），三尖杉酯碱（HT）的保留时间为11.00 min，容量因子k_{HT}为13.67；三尖杉碱（CT）的保留时间为8.79 min，容量因子k_{CT}为10.72；根据文献报道，三尖杉碱的K_D值1.67 μmol/L，可得三尖杉酯碱的K_D值为1.31 μmol/L。

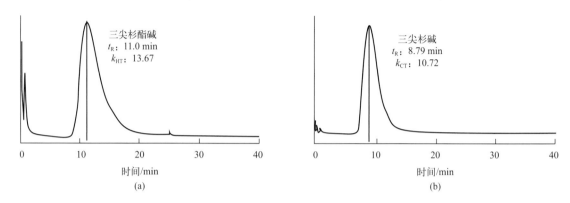

图6-38
三尖杉酯碱（a）和三尖杉碱（b）在S^h/CMC柱上的结合曲线

3. 三尖杉酯碱与TMPRSS2结合特性分析

采用相对标准法测定三尖杉酯碱与TMPRSS2的亲和强度K_D值（图6-39），三尖杉酯碱（HT）的保留时间为11.65 min，容量因子k_{HT}为14.53；三尖杉碱（CT）的保留时间为17.18 min，容量因子k_{CT}为21.91；根据文献报道，三尖杉碱的K_D值1.09 μmol/L，可得三尖杉酯碱的K_D值为1.64 μmol/L。

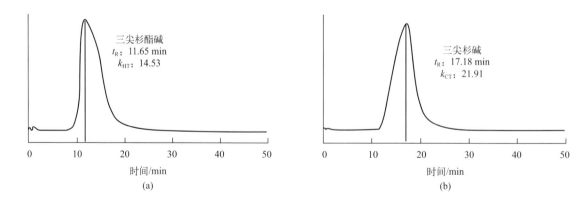

图6-39
三尖杉酯碱（a）和三尖杉碱（b）在TMPRSS2^h/CMC柱上的结合曲线

4. 分子对接分析

（1）三尖杉酯碱与S蛋白结合模式分析

通过分子对接的方法对三尖杉酯碱与SARS-CoV-2 S蛋白结合位点进行研究。如图6-40（a）所示，三尖杉酯碱可以与原始株S蛋白RBD（PDB代码：6M0J）中的GLY496、SER494、TYR449、ARG403残基形成氢键，根据已有研究，GLY496为原始株S蛋白RBD与ACE2之间的关键结合位点。三尖杉酯碱与GLY496形成的氢键长度为1.97Å；与SER494形成的氢键长度为2.20Å；与TYR449形成的氢键长度为1.95Å；与ARG403形成的氢键长度为2.00Å。

同时，如图6-40（b）所示，三尖杉酯碱也可以与Delta变异株S蛋白RBD（PDB代码：7SBL）中的GLU484、PHE490和GLN493残基形成氢键。三尖杉酯碱与GLU484形成的两个氢键长度分别为2.37Å和2.49Å；与PHE490形成的氢键长度为2.03Å；与GLN493形成的氢键长度为2.24Å。其中GLN493为Delta S蛋白RBD与ACE2的关键结合位点。

如图6-40（c）所示，三尖杉酯碱可以与Omicron BA.1变异株S蛋白RBD（PDB代码：7U0N）中的ARG498、TYR501、SER496、SER494、ARG403残基形成氢键。三尖杉酯碱与ARG498形成的氢键长度为2.21Å；与TYR501形成的氢键长度为2.37Å；与SER496形成两个氢键，长度分别为2.68Å和2.02Å；与SER494形成两个氢键，长度分别为1.94Å和2.93Å；与ARG403形成两个氢键，长度分别为1.74Å和2.30Å。其中，TYR501、SER496为Omicron BA.1 S蛋白RBD与ACE2的关键结合位点。

如图6-40（d）所示，三尖杉酯碱也可以与Omicron BA.5变异株S蛋白RBD（PDB代码：7XWA）中的SER494、TYR453、TYR495、GLY496、TYR501残基形成氢键。三尖杉酯碱与SER494形成的氢键长度为1.9Å；与TYR453形成的氢键长度为2.1Å；与TYR495形成的氢键长度为1.8Å；与GLY496形成的氢键长度为2.6Å；与TYR501形成的氢键长度为1.9Å。其中，GLY496、TYR501为Omicron BA.5 S蛋白RBD与ACE2的关键结合位点。

（2）三尖杉酯碱与TMPRSS2结合模式分析

如图6-41所示，三尖杉酯碱与TMPRSS2（PDB代码：7MEQ）的SER441、GLY462和GLY464处结合。三尖杉酯碱与SER441形成的氢键长度为1.91Å；与GLY462形成的氢键长度为2.12Å；与GLY464形成两个氢键，长度分别为2.10Å和2.86Å。这些位点与公认的丝氨酸蛋白酶抑制剂萘莫司他的TMPRSS2结合位点基本一致。以上结果证实，三尖杉酯碱与SARS-CoV-2 S蛋白和TMPRSS2均具有较强亲和力。

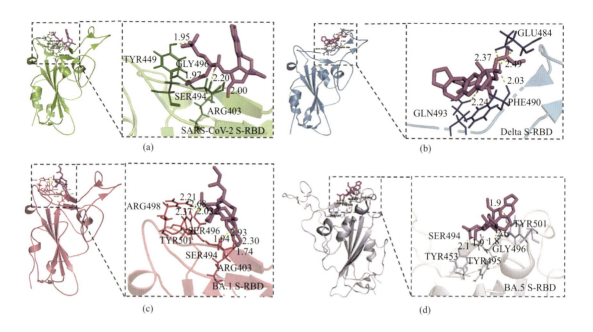

图6-40
三尖杉酯碱与SARS-CoV-2原始株S蛋白RBD（a）、Delta变异株S蛋白RBD（b）、Omicron BA.1变异株S蛋白RBD（c）和Omicron BA.5变异株S蛋白RBD（d）的分子对接结果

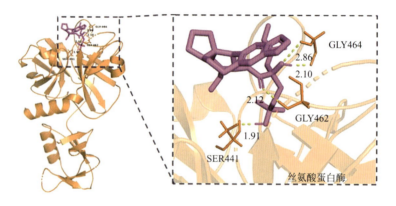

图6-41
三尖杉酯碱与TMPRSS2的分子对接结果

5. 三尖杉酯碱抑制SARS-CoV-2入胞作用验证

（1）三尖杉酯碱抑制SARS-CoV-2假病毒侵染ACE2^{h}细胞与ACE2^h/TMPRSS2^{h}细胞

假病毒能够很好地模拟病毒侵染细胞的过程，且假病毒入侵实验能够在非P3实验室顺利开展。如图6-42（a）所示，假病毒入侵实验结果表明，三尖杉酯碱能以剂量依赖性的方式抑制SARS-CoV-2假病毒对ACE2^{h}细胞的感染。当三尖杉酯碱给药浓度为0.125 μmol/L和0.25 μmol/L时基本无抑制效

果；当三尖杉酯碱给药浓度为 0.5 μmol/L、1 μmol/L 和 2 μmol/L 时，三尖杉酯碱对 SARS-CoV-2 假病毒侵染 ACE2^h 细胞的抑制率分别为（25.57±6.196）%、（58.35±5.095）%、（94.48±1.663）%，基本完全抑制 SARS-CoV-2 假病毒侵染 ACE2^h 细胞。如图 6-42（b），计算得到其 IC$_{50}$ 为 1.091 μmol/L。

为了确定三尖杉酯碱能否抑制 TMPRSS2 介导的 SARS-CoV-2 入胞，使用 SARS-CoV-2 假病毒侵染过表达 ACE2 和 TMPRSS2 两种宿主细胞蛋白的 ACE2^h/TMPRSS2^h 细胞。如图 6-42（c）所示，三尖杉酯碱显著抑制 SARS-CoV-2 假病毒进入 ACE2^h/TMPRSS2^h 细胞。当三尖杉酯碱给药浓度为 0.125 μmol/L 和 0.25 μmol/L 时基本无抑制效果；当三尖杉酯碱给药浓度为 0.5 μmol/L、1 μmol/L 和 2 μmol/L 时，三尖杉酯碱对 SARS-CoV-2 假病毒侵染 ACE2^h/TMPRSS2^h 细胞的抑制率分别为（29.02±8.099）%、（66.94±11.39）%、（72.87±4.487）%，基本完全抑制 SARS-CoV-2 假病毒侵染 ACE2^h/TMPRSS2^h 细胞。如图 6-42（d），计算得到其 IC$_{50}$ 为 0.580 μmol/L。

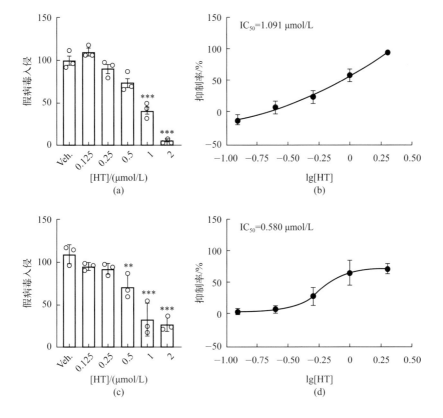

图 6-42
三尖杉酯碱对假病毒入侵 ACE2^h 细胞和 ACE2^h/TMPRSS2^h 细胞的影响
（a）三尖杉酯碱对假病毒入侵 ACE2^h 细胞的抑制作用；（b）三尖杉酯碱抑制假病毒入侵 ACE2^h 细胞的 IC$_{50}$ 曲线；（c）三尖杉酯碱对假病毒入侵 ACE2^h/TMPRSS2^h 细胞的抑制作用；（d）三尖杉酯碱抑制假病毒入侵 ACE2^h/TMPRSS2^h 细胞的 IC$_{50}$ 曲线（与 Veh. 组相比，**$P<0.01$，***$P<0.001$，$n=3$）

三尖杉酯碱在面对变异株感染时表现出更强的抑制假病毒入侵的能力。如图6-43（a）所示，三尖杉酯碱显著抑制Delta假病毒入侵ACE2^{h}细胞，当给药浓度为0.125 μmol/L、0.25 μmol/L、0.5 μmol/L、1 μmol/L、2 μmol/L时，三尖杉酯碱对Delta假病毒侵染ACE2^{h}细胞的抑制率分别为（20.79±5.50）%、（32.66±13.91）%、（56.75±10.42）%、（65.99±8.30）%、（65.94±11.88）%。如图6-43（b），计算可得三尖杉酯碱抑制Delta假病毒入胞的IC$_{50}$值为0.239 μmol/L。如图6-43（c）所示，三尖杉酯碱能够显著抑制Omicron假病毒入侵ACE2^{h}细胞，当给药浓度为0.125 μmol/L、0.25 μmol/L、0.5 μmol/L、1 μmol/L、2 μmol/L时，三尖杉酯碱对Omicron假病毒侵染ACE2^{h}细胞的抑制率分别为（38.17±4.36）%、（65.78±7.36）%、（88.2±3.31）%、（96.77±0.53）%、（97.69±0.61）%。如图6-43（d），计算可得三尖杉酯碱抑制Omicron假病毒入胞的IC$_{50}$值为0.220 μmol/L。

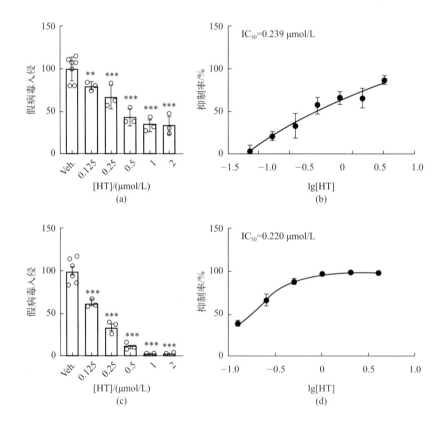

图6-43
三尖杉酯碱对Delta与Omicron假病毒入侵ACE2^{h}细胞的影响
(a) 三尖杉酯碱对Delta假病毒入侵ACE2^{h}细胞的抑制作用；(b) 三尖杉酯碱抑制Delta假病毒入侵ACE2^{h}细胞的IC$_{50}$曲线；(c) 三尖杉酯碱对Omicron假病毒入侵ACE2^{h}细胞的抑制作用；(d) 三尖杉酯碱抑制Omicron假病毒入侵ACE2^{h}细胞的IC$_{50}$曲线（与Veh.组相比，**$P<0.01$，***$P<0.001$，$n \geq 3$）

（2）三尖杉酯碱抑制SARS-CoV-2病毒膜融合

S495为原始S蛋白质粒，S605为Delta变异体，存在L452R、T478K和P681R位点的突变。如图6-44（a）所示，S495或S605质粒转染使ACE2细胞表达S蛋白，S蛋白与ACE2相互作用导致细胞融合，三尖杉酯碱能够有效抑制膜融合。如图6-44（b）所示，S495诱导的ACE2^{h}细胞在20倍镜各个视野平均产生4个合胞体，0.1 μmol/L三尖杉酯碱可完全抑制合胞体产生。而S605可诱导更多合胞体的产生，如图6-44（c）所示，S605诱导的ACE2^{h}细胞在20倍镜各个视野平均产生6个合胞体，三尖杉酯碱给药组合胞体数量显著下降，0.1 μmol/L三尖杉酯碱可完全抑制合胞体产生。如图6-44（d）所示，S495诱导ACE2^{h}细胞膜融合后双亚基互补，在加入底物后产生发光，发光强度为N.C.组的3倍以上。三尖杉酯碱能够剂量依赖性地抑制萤光素酶表达，当三尖杉酯碱给药浓度为0.1 μmol/L时，化学发光强度基本与N.C.组相同。如图6-44（e）所示，S605诱导ACE2^{h}细胞膜融合后双亚基互补，在加入底物后产生发光，发光强度为N.C.组的5倍以上。三尖杉酯碱也能够剂量依赖性地抑制S605转染形成合胞体后萤光素酶的表达，当三尖杉酯碱给药浓度为0.1 μmol/L时，化学发光强度基本与N.C.组相同。

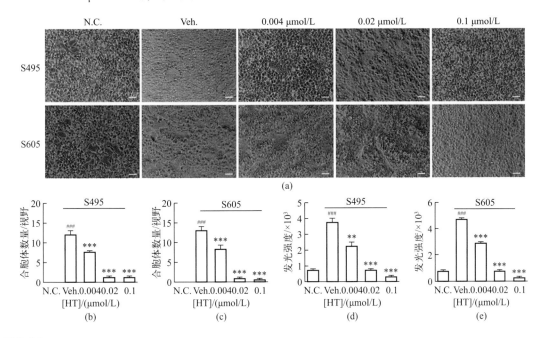

图6-44
三尖杉酯碱对S蛋白诱导的ACE2^{h}细胞膜融合的抑制作用

(a) 三尖杉酯碱对S495和S605诱导的ACE2^{h}细胞膜融合抑制作用的光镜下代表性图片，虚线表示ACE2^{h}细胞合胞体，图例为500 μm；(b) 三尖杉酯碱对S495诱导下合胞体数量的抑制作用；(c) 三尖杉酯碱对S605诱导下合胞体数量的抑制作用；(d) 三尖杉酯碱对S495诱导合胞体形成后萤光素酶表达的影响；(e) 三尖杉酯碱对S605诱导合胞体形成后萤光素酶表达的影响（与Veh.组相比，**$P<0.01$，***$P<0.001$，与N.C.组相比，###$P<0.001$，$n \geq 3$）

TMPRSS2对S蛋白的S2'位点进行切割，促进了S蛋白诱导的膜融合过程。如图6-45（a）所示，在细胞高表达TMPRSS2后ACE2^{h}细胞形成更多更大的合胞体，在同时转染TMPRSS2与S605后，可见有更多的合胞体形成，融合细胞的细胞质甚至呈现空泡化，这表明S蛋白诱导的细胞毒性开始出现。与该现象一致的是，多项研究发现，其他病毒诱导的合胞体也会导致细胞的凋亡或死亡。然而在三尖杉酯碱共孵育的情况下，合胞体数量和面积显著减少，在三尖杉酯碱给药浓度仅达到0.1 μmol/L时就能够完全抑制合胞体的产生。

如图6-45（b）和（c），尽管有TMPRSS2的协助，三尖杉酯碱也能以剂量依赖的方式抑制ACE2和S蛋白结合诱导的膜融合，ACE2^{h}细胞给予三尖杉酯碱后，单个视野下合胞体形成数量显著减少。S495诱导后ACE2^{h}细胞在20倍镜各个视野平均产生11个合胞体，0.1 μmol/L 三尖杉酯碱可完全抑制合胞体产生。S605可诱导更多合胞体的产生，S605诱导后ACE2^{h}细胞在20倍镜各个视野平均产生13个合胞体，三尖杉酯碱给药组合胞体数量显著下降，0.1 μmol/L 三尖杉酯碱可完全抑制合胞体产生。如图6-45（d）和（e）所示，S495诱导ACE2^h/TMPRSS2^{h}细胞膜融合后双亚基互补，在加入底物后产生发光，发光强度为N.C.组的6倍以上。三尖杉酯碱能够剂量依赖性地抑制萤光素酶表达，当三尖杉酯碱给药浓度为0.1 μmol/L时，化学发光强度基本与N.C.组相同。S605诱导ACE2^{h}细胞膜融合后双亚基互补，在加入底物后产生发光，发光强度为N.C.组的8倍以上。三尖杉酯碱能够剂量依赖性地抑制萤光素酶表达，当三尖杉酯碱给药浓度为0.1 μmol/L时，化学发光强度基本与N.C.组相同。结果表明，在转染TMPRSS2后，三尖杉酯碱依旧能剂量依赖性地抑制S495和S605质粒转染引发的ACE2^{h}细胞萤光素酶表达量升高。

6. 尖杉酯碱对SARS-CoV-2病毒及多种变异株感染Vero E6细胞的影响

对三尖杉酯碱的病毒抑制率进行统计，如图6-46（a）和图6-46（b）所示，三尖杉酯碱抑制WIV04毒株感染Vero E6细胞的IC$_{50}$为0.217 μmol/L，计算得到其选择性指数（SI=CC$_{50}$/EC$_{50}$）为6.22；如图6-46（c）和图6-46（d）所示，三尖杉酯碱抑制Delta630毒株感染Vero E6细胞的IC$_{50}$为0.101 μmol/L，计算得到其SI为13.4；如图6-46（e）和图6-46（f）所示，三尖杉酯碱抑制OmicronBA.1毒株感染Vero E6细胞的IC$_{50}$为0.0420 μmol/L，计算得到其SI为32.1；如图6-46（g）和图6-46（h）所示，三尖杉酯碱抑制OmicronBA.5毒株感染Vero E6细胞IC$_{50}$为0.00188 μmol/L，计算得到其SI为718.47。通过对比三尖杉酯碱对三种毒株的抑制作用，证实三尖杉酯碱能够抑制SARS-CoV-2及其多种变异株侵染宿主细胞。

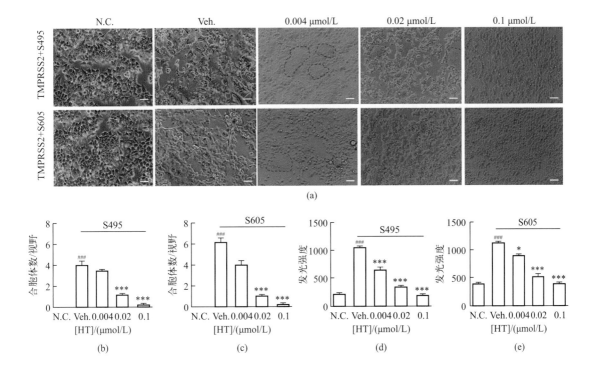

图 6-45
三尖杉酯碱对 S 蛋白诱导的 ACE2^h/TMPRSS2^h 细胞膜融合的抑制作用

(a) 三尖杉酯碱对 S495 和 S605 诱导的 ACE2^h/TMPRSS2^h 细胞膜融合抑制作用的光镜下代表性图片，虚线表示 ACE2^h/TMPRSS2^h 细胞合胞体，图例为 500 μm；(b) 三尖杉酯碱对 S495 诱导下合胞体数量的抑制作用；(c) 三尖杉酯碱对 S605 诱导下合胞体数量的抑制作用；(d) 三尖杉酯碱对 S495 诱导合胞体形成后萤光素酶表达的影响；(e) 三尖杉酯碱对 S605 诱导合胞体形成后萤光素酶表达的影响（与 Veh. 组相比，*$P<0.05$，***$P<0.001$，与 N.C. 组相比，###$P<0.001$，$n \geq 3$）

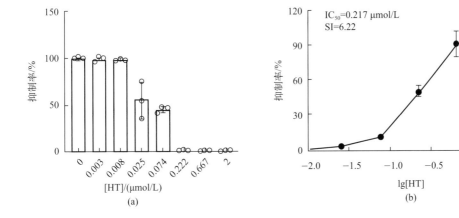

图 6-46

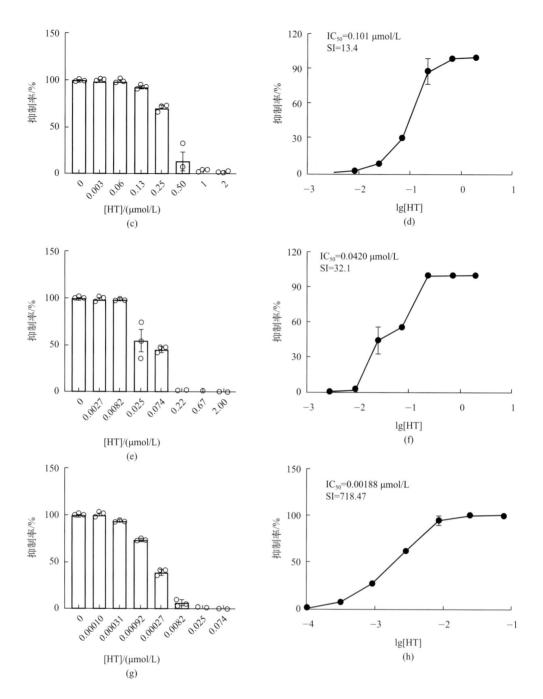

图 6-46

三尖杉酯碱对 SARS-CoV-2 及其变异株感染 Vero E6 细胞的抑制作用

(a) 三尖杉酯碱对 SARS-CoV-2 WIV04 毒株感染 Vero E6 细胞的抑制作用；(b) 三尖杉酯碱抑制 SARS-CoV-2 WIV04 毒株感染 Vero E6 细胞的 IC_{50} 曲线；(c) 三尖杉酯碱对 Delta630 毒株感染 Vero E6 细胞的抑制作用；(d) 三尖杉酯碱抑制 Delta630 毒株感染 Vero E6 细胞的 IC_{50} 曲线；(e) 三尖杉酯碱对 Omicron BA.1 毒株感染 Vero E6 细胞的抑制作用；(f) 三尖杉酯碱抑制 Omicron BA.1 毒株感染 Vero E6 细胞的 IC_{50} 曲线；(g) 三尖杉酯碱对 Omicron BA.5 毒株感染 Vero E6 细胞的抑制作用；(h) 三尖杉酯碱抑制 Omicron BA.5 毒株感染 Vero E6 细胞的 IC_{50} 曲线（与空白对照组相比，**$P<0.01$，***$P<0.001$，$n=3$）

（三）小结

实验结果表明三尖杉酯碱是一种新的双重阻断新冠病毒膜融合的拮抗剂，CMC技术在明确作用靶标的情况下，是筛选发现药物先导物的有效手段。

（四）案例启发

1. 三尖杉酯碱能够剂量依赖性地抑制S蛋白诱导膜融合产生合胞体，阻断SARS-CoV-2假病毒入胞，在TMPRSS2参与下，其作用是否有明显加强？

2. 随着SARS-CoV-2毒株的变异，三尖杉酯碱对野生型、Delta、Omicron BA.1和BA.5病毒株的感染均有抑制作用，且其抗病毒活性随着突变位点增加而升高，试说明原因。

3. 三尖杉酯碱具有抗病毒膜融合作用，属于"老药新用"，试述其与治疗急性髓细胞性白血病有何关联。

案例3：ACE2/CMC模型识别检测SARS-CoV-2颗粒

2019年12月，新型冠状病毒SARS-CoV-2感染暴发，但当时对于病毒的分析检测技术单一，本案例是在当时万分急迫和极度困惑的背景下，利用CMC技术提出了一种全新SARS-CoV-2颗粒识别检测系统，称为ACE2-His-SMALPs/CMC分析系统，为当时的疫情防控提供了有效途径。

SARS-CoV-2病毒颗粒（直径10～300 nm）通过气溶胶传播，实验研究已证实SARS-CoV-2表面的S蛋白与人血管紧张素转换酶2（ACE2）特异性结合后，入侵宿主细胞，引发病毒感染。通过ACE2-His-SMALPs/CMC分析系统可以识别并检测病毒颗粒，为进一步分析病毒行为、活性与传播提供了新方法。

（一）实验方法

1. 实验材料

SARS-CoV-2假病毒，戊二醛，SARS-CoV-2灭活病毒，ACE2抗体，SARS-CoV-2 S蛋白抗体，Cy3标记山羊抗小鼠IgG(H+L)，FITC标记山羊抗兔IgG(H+L)，十二烷基二甲基甜菜碱（BS-12）。

2. 实验仪器

CMC-气体分析仪［天然血管药物筛选与分析国家地方联合工程研究中心研制，悟空科学仪器（上海）有限公司生产］，RPL-ZD10色谱填料装柱机，Venusil HILIC色谱柱，TK-3微生物气溶胶发生器，Cougar CCZ5型大气采样器。

3. 实验条件

（1）解吸附试剂配制

首先配制磷酸盐缓冲液，称取0.345 g NaH_2PO_4和0.355 g Na_2HPO_4，分

别溶于10 mL去离子水，然后取6.85 mL NaH$_2$PO$_4$和3.15 mL Na$_2$HPO$_4$溶液混匀。随后称取0.040 g十二烷基二甲基甜菜碱，加入磷酸盐缓冲液中，充分搅拌使其溶解，得到用于SARS-CoV-2灭活病毒的解吸附试剂。

（2）SARS-CoV-2假病毒溶液的配制

使用的SARS-CoV-2假病毒母液浓度为1×10^{11} VP/mL，使用pH为7.0的PBS对假病毒母液进行相应浓度的稀释，置于－80℃冰箱保存，使用前在冰上解冻。

（3）SARS-CoV-2假病毒气溶胶的制备与采集

将一定滴度的SARS-CoV-2假病毒稀释于6 mL PBS溶液中，充分混匀，加入TK-3微生物气溶胶发生器的雾化室，以0.3 mL/min的速度雾化20 min，SARS-CoV-2假病毒气溶胶由TK-3微生物气溶胶发生器产生并喷射到封闭系统的腔室（1 m×0.9 m×1.1 m）中，气溶胶颗粒为3.2 μmol/L。

空气在液体冲击式生物气溶胶采样器负压作用下进入气体收集器，流速为5 L/min。病毒随气流冲击和气液流动，均匀分布在吸收液中；同时多孔玻璃板促进气体形成大量微小气泡，增加气体和吸收液的接触面积，提高病毒吸收效率。

（4）ACE2-His-SMALPs/CMC柱对SARS-CoV-2假病毒气溶胶的富集

吸收液通过高压输液泵1以0.2 mL/min的速度进入ACE2-His-SMALPs/CMC柱，新型冠状病毒通过表面Spike刺突蛋白与识别柱上的ACE2产生特异性结合，使病毒富集在ACE2-His-SMALPs/CMC柱中，吸收液随后循环至吸收池内。

（5）ACE2-His-SMALPs/CMC模型对SARS-CoV-2假病毒的洗脱与检测

连接检测系统各个模块，其中吸收池中添加5 mL 1 mmol/L 磷酸盐缓冲液（pH 7.0）作为病毒颗粒气溶胶的吸收液。高压输液泵1连接吸收池和细胞膜色谱柱。柱后连接PDA检测器流通池，其后再连回吸收池。高压输液泵2连接洗脱液（10 mmol/L Na$_2$HPO$_4$）和细胞膜色谱柱。病毒在CMC-识别柱上富集一段时间后，高压输液泵2以0.2 mL/min的速度将洗脱液泵出进行色谱柱冲洗，将所富集的病毒洗脱并将其以高浓度状态输送至检测器。通过PDA检测器对洗脱液进行检测，并根据病毒特征信号进行定量。检测波长为214 nm。然后将不同滴度的SARS-CoV-2假病毒注射到 ACE2-His-SMALPs/CMC柱中。使用10 mmol/L磷酸盐缓冲液作为洗脱缓冲液。

（二）实验结果

1. ACE2-His-SMALPs/CMC-SP结合SARS-CoV-2的表征与验证

SARS-CoV-2通过其表面的S蛋白与人ACE2受体结合进而入侵细胞，

ACE2与S蛋白之间具有特异性结合能力。因此可以通过固定化的ACE2生物材料在体外模拟这种特定的S蛋白-ACE2受体相互作用,以实现对SARS-CoV-2的识别。本案例尝试将制备的ACE2-His-SMALPs/CMC-SP用于SARS-CoV-2的识别,探索细胞膜色谱法对大分子配体识别的应用。

（1）ACE2-His-SMALPs/CMC-SP结合病毒的SEM表征

鉴于SARS-CoV-2的高传染性,在以下实验中使用了相对安全且可与ACE2结合的SARS-CoV-2假病毒。将ACE2-His-SMALPs@SiO$_2$-VS与SARS-CoV-2假病毒进行共孵育,随后洗涤除去游离的SARS-CoV-2假病毒。通过扫描电镜观察结合在ACE2-His-SMALPs@SiO$_2$-VS表面的SARS-CoV-2假病毒,结果如图6-47所示,扫描电镜的伪彩图像清晰地表明ACE2-His-SMALPs@SiO$_2$-VS与SARS-CoV-2假病毒接触之前和之后的差异。与ACE2-His-SMALPs@SiO$_2$-VS相比,与SARS-CoV-2假病毒接触后的硅胶表面观察到结合的病毒颗粒,这反映了ACE2-His-SMALPs@SiO$_2$-VS可特异性结合SARS-CoV-2假病毒。

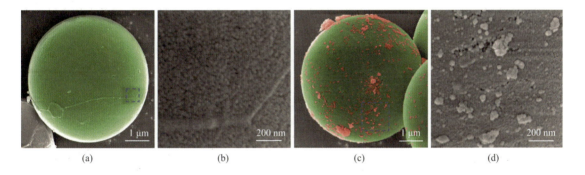

图6-47
ACE2-His-SMALPs@SiO$_2$-VS与SARS-CoV-2假病毒结合的扫描电镜图像

(a) 与SARS-CoV-2假病毒孵育之前ACE2-His-SMALPs@SiO$_2$-VS的扫描电镜图像,比例尺1 μm;(b) 图(a)的局部放大图像,比例尺200 nm;(c) 与SARS-CoV-2假病毒孵育后ACE2-His-SMALPs@SiO$_2$-VS的扫描电镜图像,比例尺1 μm;(d) 图(c)的局部放大图像,比例尺200 nm;绿色伪彩:ACE2-His-SMALPs@SiO$_2$-VS,红色伪彩:SARS-CoV-2假病毒

（2）ACE2-His-SMALPs/CMC-SP结合病毒的免疫荧光验证

进一步使用免疫荧光试验来验证ACE2-His-SMALPs/CMC-SP与SARS-CoV-2假病毒的结合,分别使用绿色荧光抗体检测ACE2、红色荧光抗体检测SARS-CoV-2 S蛋白,如图6-48所示。在溶剂组中,ACE2-His-SMALPs/CMC-SP与PBS共同孵育,仅显示代表ACE2的绿色荧光,微弱的红色荧光可能是大孔硅胶吸附的少量荧光抗体。当SARS-CoV-2假病毒或灭活疫苗与ACE2-His-SMALPs/CMC-SP共同孵育时,荧光ACE2抗体（绿色）和SARS-CoV-2 S蛋白

抗体（红色）能很好地形成荧光共定位。由于SARS-CoV-2假病毒和灭活疫苗是含有SARS-CoV-2 S蛋白的颗粒，因此它们可以被ACE2-His-SMALPs/CMC-SP特异性识别和结合。阴性对照组中，SARS-CoV-2假病毒或灭活疫苗与NC-HEK293T/CMC-SP（NC-HEK293T@SiO$_2$）共同孵育。由于缺乏ACE2受体，病毒和疫苗都不能特异性结合，因此表现出微弱的非特异性荧光信号。以上结果表明，ACE2-His-SMALPs/CMC-SP可以有效识别SARS-CoV-2假病毒并与之结合。

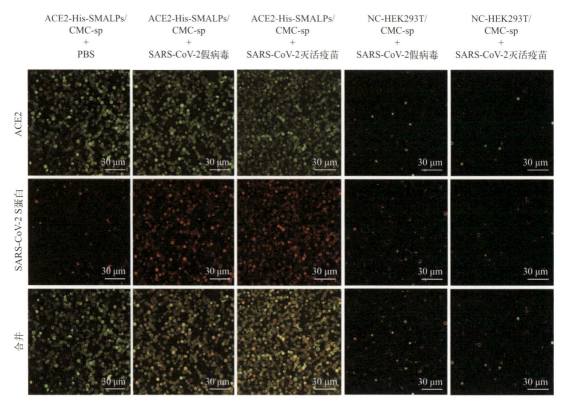

图6-48
ACE2-His-SMALPs@SiO$_2$-VS与SARS-CoV-2假病毒结合的免疫荧光显微镜图像
从上往下第一行：绿色荧光二抗检测ACE2；第二行：红色荧光二抗检测SARS-CoV-2 S蛋白；第三行：合并图像

2. ACE2-His-SMALPs/CMC模型对SARS-CoV-2假病毒气体的检测及验证

（1）ACE2-His-SMALPs/CMC模型对SARS-CoV-2假病毒气体的检测

SARS-CoV-2可以形成气溶胶进行远距离空气传播，因此监测和分析空气传播的病原体至关重要。为此，本案例建立了一个用于检测病毒气溶胶的实验环境，其中SARS-CoV-2假病毒气溶胶由雾化器产生并喷射到封闭系统的腔室中（1 m×0.9 m×1.1 m）。采用ACE2-His-SMALPs/CMC-SP对空气传播的病毒气溶胶进行鉴定和检测，整体流程分为四个部分：采样、富集、洗脱和检测。

图6-49描述了使用液体冲击式生物气溶胶采样器检测空气中SARS-CoV-2假病毒气溶胶的过程。利用液体冲击式生物气溶胶采样器采集气溶胶中的病毒颗粒，通过气泵在吸收池里形成的负压将空气抽入吸收池并使其与吸收液进行混合，病毒颗粒溶解并扩散至吸收液中。接着利用高压输液泵1将吸收液泵向细胞膜色谱柱，病毒颗粒与ACE2-His-SMALPs/CMC-SP上的ACE2受体特异性结合，其余成分因与ACE2无特异性相互作用而不具有保留行为，继续循环回到吸收池中。经过持续循环，细胞膜色谱柱上结合的病毒数量随时间增加而逐渐增加，实现了对病毒的富集。当细胞膜色谱柱上结合位点接近饱和时，高压输液泵2将洗脱液注入ACE2-His-SMALPs/CMC柱，高浓度的流动相溶液减弱了病毒与受体的相互作用，从而将病毒颗粒洗脱，使病毒颗粒随液体管路流向检测器。从细胞膜色谱柱洗脱的病毒会显示出特征的保留色谱峰，通过PDA检测器检测病毒特征峰，可用于定量分析。而其他成分不被保留，在溶剂峰位置出峰。

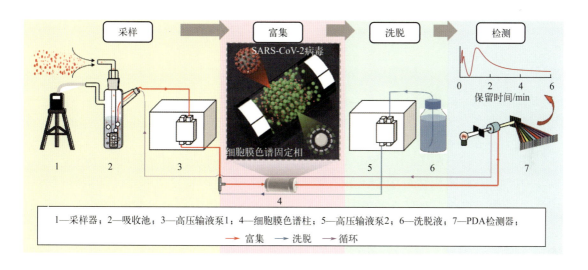

图6-49
ACE2-His-SMALPs/CMC模型检测SARS-CoV-2假病毒气溶胶示意图

（2）SARS-CoV-2假病毒保留峰检测及组分PCR验证

为了验证ACE2-His-SMALPs/CMC新冠病毒气体检测系统的特异性与准确性，利用生物气溶胶发生器产生SARS-CoV-2假病毒气溶胶，以不具有与ACE2发生结合相互作用的表面蛋白的人肠道病毒71型（Enterovirus 71）作为阴性对照，并以正常空气作为空白对照，经吸收液溶解进样后，考察不同类型气溶胶在ACE2-His-SMALPs/CMC柱上的保留情况，结果如图6-50所示。SARS-CoV-2假病毒气溶胶吸收液分别产生了弱保留及强保留峰，而在阴性对照组和空白对照组，人肠道病毒71型和正常空气都仅产生溶剂峰，表明该方法特异性良好，且正常空气中的成分在色谱柱上随溶剂直接流出，呈阴性结果。以上结果表明SARS-CoV-2假病毒气溶胶可被采集至吸收液中，并被ACE2-His-SMALPs/CMC柱特异性识别并结合。

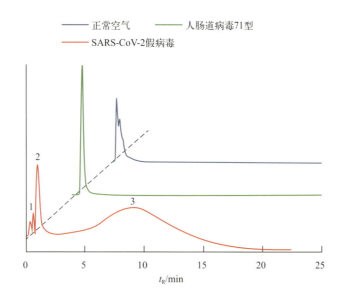

图6-50
ACE2-His-SMALPs/CMC检测病毒气溶胶结果

（3）ACE2-His-SMALPs/CMC模型检测病毒的检测限测定

将不同浓度的SARS-CoV-2假病毒加入气溶胶发生器中，随后经气体采集、富集后利用ACE2-His-SMALPs/CMC模型进行检测。结果如图6-51所示，在磷酸盐缓冲液的洗脱下，SARS-CoV-2假病毒可在ACE2-His-SMALPs/CMC模型上产生明显保留，且色谱峰高度与病毒浓度呈正相关。检测限（LOD）根据三倍的空白信号标准偏差（3×SD）计算为3.8×10^3 VP/mL，低于抗原检测试纸法（5.0×10^8 VP/mL）。此外，该方法单次洗脱检测时间不到15 min，比RT-PCR（2~3 h）更快，并且基于抗原的检测可以检测传染性病毒实体的存在，这弥补了核酸检测中结果阳性却无法准确判断检测样本中是否存在结构完整的传染性病毒的缺陷。该方法对病毒气溶胶具有快速的响应能力，在模拟SARS-CoV-2假病毒的情况下具有可接受的灵敏度，为气溶胶和水体等环境中病毒颗粒的检测提供了研究基础。

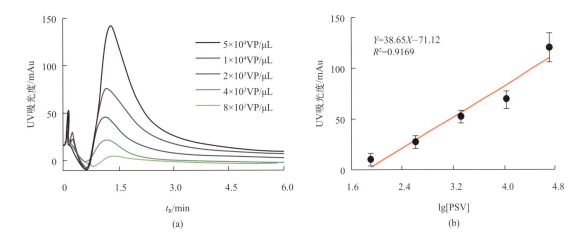

图6-51
ACE2-His-SMALPs/CMC模型的病毒洗脱曲线及校正曲线

(a) ACE2-His-SMALPs/CMC模型的病毒洗脱曲线，色谱条件：流动相为10 mmol/L Na$_2$HPO$_4$，流速为0.2 mL/min，检测波长为214 nm；(b) 检测信号与病毒颗粒数的校正曲线，横坐标PSV的浓度以VP/μL计算，$n=3$

（三）小结

利用ACE2-His-SMALPs/CMC分析系统进行SARS-CoV-2假病毒与灭活疫苗的识别检测，结果表明ACE2-His-SMALPs/CMC-固定相构建成功，构建的CMC模型对病毒颗粒具有识别、富集作用，可在线洗脱检测，检测波长为214 nm。

（四）案例启发

1. 一般色谱技术对颗粒物的检测是困难的，ACE2-His-SMALPs/CMC分析系统提供了一种新的方法，请对颗粒物的色谱分析方法进展进行综述。

2. 病毒气溶胶检测中，首先要采集气溶胶并将其液化，然后导入ACE2-His-SMALPs/CMC系统分析，对采集、液化和识别等实验条件如何有效优化？

3. 在非常时期，假病毒颗粒的成功构建是实验室研究工作顺利进行的前提，假病毒的有效性和安全性应如何设计？

第三节
EGFR/CMC模型的典型应用

表皮生长因子受体（epidermal growth factor receptor，EGFR）具有酪氨酸激酶活性，内源性表皮生长因子（EGF）作用于EGFR可启动细胞核内的有关基因，促进细胞分裂增殖。目前，EGFR是重要的抗肿瘤血管生成药物的靶标。其中，第一类抑制剂是针对EGFR胞内结构域（EGFR^{in}）的酪氨酸激酶抑制剂（EGFR-TKI），以小分子替尼类药物为代表，阻断酪氨酸激酶活性而抑制信号传导；第二类抑制剂是针对EGFR胞外结构域（EGFR^{out}）的酪氨酸激酶抑制剂，以抗体大分子为代表，直接阻断EGF的作用。本节选择两个典型案例，简要介绍EGFR/CMC模型的应用。

案例1：EGFR^{in}/CMC模型与小分子拮抗剂筛选

SNAP-tag是一种新型蛋白标签，可以特异性地与其配体BG发生键合反应。在构建EGFR^{in}/CMC-固定相时，第一步是构建EGFR^N-SNAP-tag融合蛋白高表达的HEK293细胞（EGFR^N-SNAP-tag HEK293），然后与苄基鸟嘌呤修饰硅胶（BG-SiO$_2$）共价键合，形成EGFR^{in}-SNAP-tag/CMC-固定相。在构建的CMC-SP中，EGFR胞内区（inside）是朝外的，可用于筛选研究EGFR的小分子拮抗剂。

（一）实验方法

1. 实验材料

苄基鸟嘌呤，EGFR^N-SNAP-tag HEK293细胞，DMSO，过硫酸铵（APS），SDS，TEMED，脱脂奶粉，丙烯酰胺，兔种属EGFR抗体，兔种属SNAP-tag抗体，Actin抗体，嘌呤霉素，RIPA裂解液，浓盐酸（HCl），Trizol，氯仿，异丙醇，无水乙醇，DEPC水，Hifair® II 1st Strand cDNA Synthesis SuperMix，Hieff® qPCR SYBR Green Master Mix (Low Rox Plus)。

2. 实验仪器

2D/CMC-分析仪［天然血管药物筛选与分析国家地方联合工程研究中心研制，悟空科学仪器（上海）有限公司生产］，荧光显微镜，荧光定量PCR仪（9600Plus），生物安全柜，转移脱色摇床TS-8S，Western Blot电泳仪，Western Blot转膜仪，数显磁力搅拌恒温电热套，热重分析仪，恒温混匀仪（MS-100）。

3. 实验条件

（1）EGFR^{in}-SNAP-tag细胞膜色谱固定相的制备

用胰蛋白酶将EGFR^N-SNAP-tag HEK293细胞消化，并用PBS（pH =7.4）洗涤两次。然后将5 mL Tris-HCl（pH 7.4）添加到细胞悬液中，并采用超声波细胞粉碎机破碎细胞，其设置为功率为200 W，每次工作3 s后停2 s，重复工作8次。将混悬液离心（1000g，10 min）。取上清液以12000g离心20 min得到细胞膜沉淀。然后将细胞膜沉淀重悬于5 mL PBS中，并缓慢添加到0.04 g SiO$_2$-BG中，于37℃震荡（1500 r/min）孵育30 min。孵育30 min

后，用PBS漂洗3次，洗去未反应的细胞膜。

（2）EGFR^{in}-SNAP-tag/CMC模型的建立及验证

① EGFR^{in}-SNAP-tag/CMC柱的制备：取细胞膜色谱柱柱芯（10 mm × 2 mm I.D.），一端装上筛板，一端装空筛板，将装空筛板的一端朝上，把细胞膜色谱柱柱芯装入装柱机柱套中。打开装柱机匀浆管上端螺帽，将所制备的EGFR^{in}-SNAP-tag细胞膜色谱固定相悬液混匀后注入装柱机匀浆管中，开启装柱机，以1 mL/min的流速装柱20 min，即可制得细胞膜色谱柱。将色谱柱装入专用柱套中，既可连接至色谱系统中使用，又可放入盛有适量生理盐水（以淹没色谱柱为宜）的试管中，4℃保存，备用。EGFR^{in}-SNAP-tag/CMC柱的选择性、特异性、重复性和柱寿命考察均采用浓度为50 mmol/L、pH为7.4的磷酸氢二钠溶液作为流动相，流速为0.2 mL/min，柱温为37℃，检测波长为330 nm。

② EGFR^{in}-SNAP-tag/CMC柱的选择性考察：采用吉非替尼（作用于EGFR）、盐酸茶苯海明（作用于H1R）、坦索罗辛（作用于$α_1$A受体）和特布他林（作用于$β_2$受体）来考察EGFR^{in}-SNAP-tag/CMC柱的选择性。分别进样5 μL 0.1 mg/mL吉非替尼溶液、盐酸茶苯海明溶液、坦索罗辛溶液和特布他林溶液，通过观察各药物的保留行为来考察EGFR^{in}-SNAP-tag/CMC柱的选择性。

③ EGFR^{in}-SNAP-tag/CMC柱的特异性考察：将5 μL 0.1 mg/mL吉非替尼溶液分别注射到NC-HEK293/CMC柱、MrgX2-SNAP-tag/ CMC柱和EGFR^{in}-SNAP-tag/CMC柱来考察EGFR^{in}-SNAP-tag/CMC柱的特异性。

④ EGFR^{in}-SNAP-tag/CMC模型的重复性考察：以EGFR特异性酪氨酸激酶抑制剂吉非替尼为研究对象，采用高效液相色谱技术对EGFR^{in}-SNAP-tag/CMC柱的重复性进行研究。首先在同一根EGFR^{in}-SNAP-tag/CMC柱上连续六次重复进样5 μL 0.1 mg/mL吉非替尼对照品溶液考察EGFR^{in}-SNAP-tag/CMC柱的柱内差异。柱间重复性通过对三根EGFR^{in}-SNAP-tag/CMC柱上进样5 μL 0.1 mg/mL吉非替尼对照品溶液来考察，将阳性药吉非替尼在EGFR^{in}-SNAP-tag/CMC柱上的保留时间作为评价指标。

⑤ EGFR^{in}-SNAP-tag/CMC模型的使用周期考察：EGFR^{in}-SNAP-tag/CMC柱的使用周期是确保其生物学活性的另一个重要指标。以阳性药吉非替尼在EGFR^{in}-SNAP-tag/CMC柱上的保留时间作为评价指标，考察EGFR^{in}-SNAP-tag/CMC柱和传统物理吸附型的EGFR/CMC柱的使用周期。

（3）EGFR^{in}-SNAP-tag/CMC在线联用HPLC-IT-TOF-MS二维系统的构建

① 色谱条件：

一维条件：色谱柱为EGFR^{in}-SNAP-tag/CMC柱（10 mm × 2.0 mm I.D.）；流动相为50 mmol/L、pH为7.4的磷酸氢二钠溶液；柱温为37℃；流速为

0.2 mL/min；进样量为5 μL。

二维条件：色谱柱为岛津 Shim-pack GISS-HP C_{18} 色谱柱（150 mm × 3.0 mm I.D.，3.0 μm），将0.1%的甲酸水溶液作为流动相A，乙腈作为流动相B，流速设置为0.3 mL/min，梯度洗脱（0～60 min，10%B～30%B；60～75 min，30%B～100%B），HPLC-IT-TOF-MS 鉴定。

② $EGFR^{in}$-SNAP-tag/CMC 在线联用 HPLC-IT-TOF-MS 系统验证：本案例采用 $EGFR^{in}$-SNAP-tag/CMC 柱与 HPLC-IT-TOF-MS 构成二维在线联用系统。利用阳性药物吉非替尼考察 $EGFR^{in}$-SNAP-tag/CMC 与 HPLC-IT-TOF-MS 二维在线联用系统的适用性。

（4）二维在线联用系统筛选淫羊藿中潜在抗肿瘤活性成分

将淫羊藿提取物进样到 $EGFR^{in}$-SNAP-tag/CMC 柱，在 $EGFR^{in}$-SNAP-tag/CMC 柱上的保留成分经过 C_{18} 富集柱的富集和十通阀的切换，进入 HPLC-IT-TOF-MS 进行分析鉴定，从而获得淫羊藿提取物中能够作用于 EGFR 的活性成分。为验证二维在线联用系统"识别"-"分析"-"鉴定"结果的准确性，将淫羊藿中活性组分的混合对照品溶液进样到 $EGFR^{in}$-SNAP-tag/CMC 与 HPLC-IT-TOF-MS 二维在线联用系统进行进一步的验证。

（二）实验结果

1. SNAP-tag技术制备细胞膜色谱固定相

通过 SNAP-tag 与其底物 BG 之间的特异性共价反应，将 $EGFR^{N}$-SNAP-tag 融合受体定向有序地固定在硅胶表面，这样对细胞膜及其膜受体活性的损失最小，最大程度地保持了膜受体的活性。另一方面，由于 $EGFR^{N}$-SNAP-tag 融合受体可特异性地与底物作用，因而减少了非靶标受体的干扰，提高了靶标受体的浓度，进而提高了细胞膜色谱柱的特异性。利用 SNAP-tag 技术制备细胞膜色谱固定相的制备过程如图6-52所示。

2. 固定相的表征

本案例使用扫描电子显微镜来表征固定相的表面形貌变化。结果如图6-53所示，图6-53（a）、图6-53（e）为 SiO_2-NH_2 分别放大5000倍和12000倍的扫描电镜图，图6-53（b）、图6-53（f）为 SiO_2-TCT 分别放大5000倍和12000倍的扫描电镜图，图6-53（c）、图6-53（g）为 SiO_2-BG 分别放大5000倍和12000倍的扫描电镜图，图6-53（d）、图6-53（h）为 SiO_2-EGFR 分别放大5000倍和12000倍的扫描电镜图。与 SiO_2-NH_2 相比，SiO_2-TCT 和 SiO_2-BG 表面无明显变化。这是由于 TCT 和 BG 的分子量较小，它们键合于硅胶表面后对硅胶表面的改变不大。当 SiO_2-BG 固定相键合细胞膜后，如图6-53（d）、（h）所示，一层膜状颗粒均匀地附着在微球表面，而且微球的表面变得更加粗糙，可能的原因是EGFR^N-SNAP-tag细胞膜与SiO$_2$-BG发生反应，使EGFR^N-SNAP-tag细胞膜键合于硅胶表面，因此硅胶表面可以观察到膜状颗粒，这证明EGFR^N-SNAP-tag细胞膜与SiO$_2$-BG成功键合。

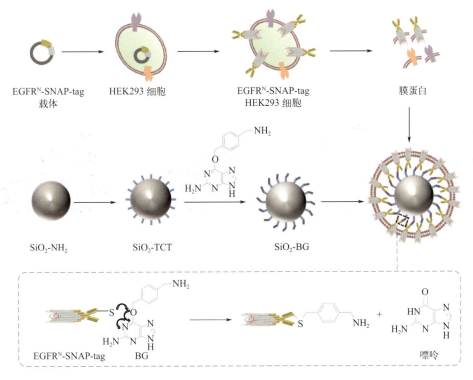

图6-52
利用SNAP-tag技术制备细胞膜色谱固定相示意图

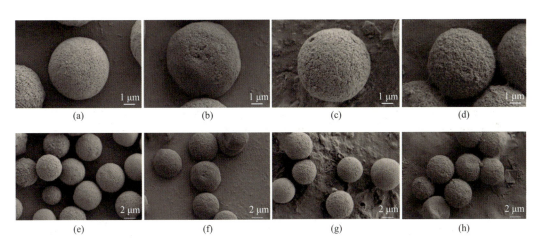

图6-53
固定相的扫描电镜图
SiO$_2$-NH$_2$〔(a)～(e)〕、SiO$_2$-TCT〔(b)～(f)〕、SiO$_2$-BG〔(c)～(g)〕和SiO$_2$-EGFR〔(d)～(h)〕的扫描电镜图；(a)～(d)的放大倍数为12000倍，(e)～(h)的放大倍数为5000倍

然后采用透射电子显微镜对固定相的表面形貌进行了进一步的表征，与扫描电子显微镜相比，透射电子显微镜的放大倍数更高，可以更为直观、清晰地观察到固定相的表面形貌变化。图6-54（a）~图6-54（d）分别为SiO_2-NH_2、SiO_2-TCT、SiO_2-BG 和、SiO_2-EGFR 放大40000倍的透射电子显微镜图，在SiO_2-NH_2 [图6-54（a）]、SiO_2-TCT [图6-54（b）] 和SiO_2-BG [图6-54（c）] 上可以看到大孔硅胶的表面有明显孔隙。键合细胞膜后 [图6-54（d）]，大孔硅胶表面的孔隙消失，在球形表面上有一个光滑的膜层，进一步证明$EGFR^N$-SNAP-tag细胞膜已成功键合于硅胶表面。

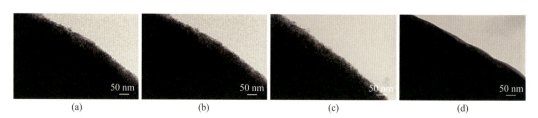

图6-54
固定相的透射电镜图
SiO_2-NH_2（a）、SiO_2-TCT（b）、SiO_2-BG（c）和SiO_2-EGFR（d）的透射电镜图；（a）~（d）的放大倍数为40000倍

为了清楚地观察固定相的形貌变化，通过SEM对得到的固定相进行了表征，结果如图6-55所示。可以观察到，在琥珀酸酐 [图6-55（b）、图6-55（f）] 和BG [图6-55（c）、图6-55（g）] 改性之后，由于琥珀酸酐和BG的分子量小，在硅胶表面没有观察到明显的变化。但是，当SiO_2-BG与细胞膜反应后 [图6-55（d）、图6-55（h）]，硅胶的表面变得更粗糙，这证明细胞膜已成功修饰了硅胶表面。

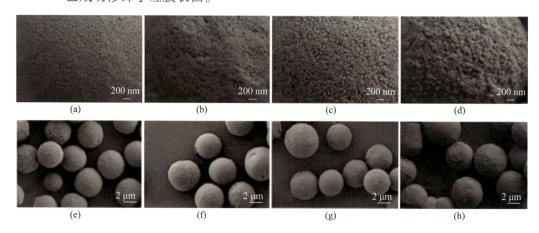

图6-55
方法优化后固定相的扫描电镜图
SiO_2-NH_2（a）（e）、SiO_2-COOH（b）（f）、SiO_2-BG（c）（g）和SiO_2-EGFR（d）（h）的扫描电镜图；（a）~（d）的放大倍数为24000倍，（e）~（h）的放大倍数为5000倍

3. EGFR^{in}-SNAP-tag/CMC模型系统适用性

对于EGFR^{in}-SNAP-tag/CMC柱的选择性，使用EGFR^{in}-SNAP-tag/CMC柱分析了坦索罗辛（作用于α_1A受体）、特布他林（作用于β_2受体）、苯海拉明（作用于组胺H1受体）以及吉非替尼（作用于EGFR）四种药物，结果如图6-56（a）所示，三种阴性药物（特布他林、苯海拉明和坦索罗辛）在EGFR^{in}-SNAP-tag/CMC柱上均没有保留，仅吉非替尼具有保留活性。因此，EGFR^{in}-SNAP-tag/CMC柱可用于选择性地发现作用于EGFR的活性物质。

通过吉非替尼在NC-HEK293/CMC柱、MrgX2-SNAP-tag/CMC柱和EGFR^{in}-SNAP-tag/CMC柱上的保留时间来研究EGFR^{in}-SNAP-tag/CMC柱的特异性。如图6-56（b）所示，吉非替尼在NC-HEK293/CMC柱和MrgX2-SNAP-tag/CMC柱上没有明显的保留。在EGFR^{in}-SNAP-tag/CMC柱上，吉非替尼有明显的保留，说明EGFR^{in}-SNAP-tag/CMC柱特异性良好。

阳性药物吉非替尼的保留时间（t_R）用于评估色谱柱的重现性。柱内重复性通过重复进样五次吉非替尼来考察。记录吉非替尼在同一根EGFR^{in}-SNAP-tag/CMC柱上的保留时间，五次保留时间的相对标准偏差（RSD）值为1.82%（$n=5$）。RSD值小于5%，表明EGFR^{in}-SNAP-tag/CMC柱具有优异的柱内重复性。柱间重复性通过平行制备3根EGFR^{in}-SNAP-tag/CMC柱并在相同条件下进样阳性药吉非替尼来考察，记录吉非替尼在每根EGFR^{in}-SNAP-tag/CMC柱上的保留时间，保留时间RSD值为5.66%（$n=3$），表明EGFR^{in}-SNAP-tag/CMC的柱间重复性良好。

EGFR^{in}-SNAP-tag/CMC柱的使用周期是确保其生物学活性的另一个重要指标。将吉非替尼注入EGFR^{in}-SNAP-tag/CMC柱和EGFR/CMC柱来考察其生物活性。结果表明，EGFR^{in}-SNAP-tag/CMC柱比EGFR/CMC柱具有更长的使用寿命，如图6-56（c）所示，从而提高了细胞膜色谱柱的质量。与三聚氯氰键合型EGFR/CMC柱相比，连续7天吉非替尼在EGFR^{in}-SNAP-tag/CMC柱的保留时间比在三聚氯氰键合型EGFR/CMC柱下降得更慢，其色谱柱活性更好。

4. EGFR^{in}-SNAP-tag/CMC与HPLC-IT-TOF-MS二维在线联用系统验证

利用阳性药吉非替尼考察EGFR^{in}-SNAP-tag/CMC与HPLC-IT-TOF-MS二维在线联用系统的适用性，结果如图6-57所示。图6-57（a）为吉非替尼对照品在EGFR^{in}-SNAP-tag/CMC柱上的色谱图，有明显的保留成分R_1。图6-57（b）是吉非替尼直接进样的HPLC色谱图。图6-57（c）是图6-57（a）中保留成分R_1经过富集柱富集以及阀切换进入第二维HPLC系统后的色谱图。由图6-57可知，EGFR^{in}-SNAP-tag/CMC柱能够识别作用于EGFR的成分，活性组分保留在EGFR^{in}-SNAP-tag/CMC柱上，经过富集、切换将保留组分进入HPLC

系统进行分析和鉴定。因此 EGFR^{in}-SNAP-tag/CMC 与 HPLC-IT-TOF-MS 二维在线联用系统能够用于"识别"-"分析"-"鉴定"复杂组分（如中药）中能够作用于 EGFR 的成分。

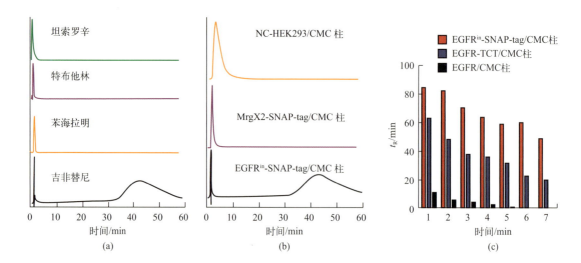

图 6-56
EGFR^{in}-SNAP-tag/CMC 柱的选择性（a）、特异性（b）和寿命（c）考察（$n=3$）

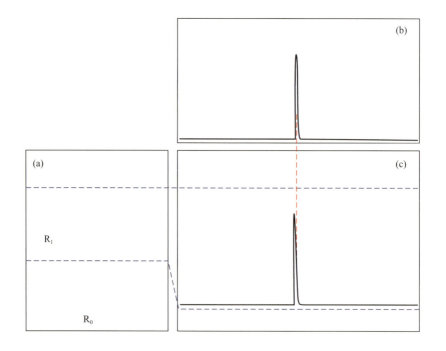

图 6-57
吉非替尼在二维在线联用系统上的色谱图
(a) 吉非替尼在 EGFR^{in}-SNAP-tag/CMC 柱上的保留行为；(b) 吉非替尼直接进入 HPLC 系统的色谱图；(c) 保留组分 R_1 富集切换进入 HPLC 系统的色谱图

5.二维在线联用系统筛选淫羊藿中潜在抗肿瘤活性成分

采用细胞膜色谱和质谱构成的二维在线联用系统可以同时识别作用于EGFR的目标化合物,并从复杂样品中鉴定目标化合物的结构。因此本案例采用上述经过验证的EGFR^{in}-SNAP-tag/CMC与HPLC-IT-TOF-MS二维在线联用系统来筛选中药淫羊藿中潜在抗肿瘤活性成分。结果如图6-58所示,图6-58(a)为淫羊藿总提物在EGFR^{in}-SNAP-tag/CMC柱上的色谱图,存在一个显著的保留峰(R_1),将保留组分R_1富集切换进入HPLC系统,进一步分离得到四个组分[图6-58(c)]。图6-58(d)为每个保留组分的总离子流色谱图。通过对质谱数据进行分析,推测保留组分可能为木兰花碱、朝藿定B、朝藿定C和淫羊藿苷。图6-58(b)为淫羊藿总提物直接进样HPLC系统得到的色谱图。

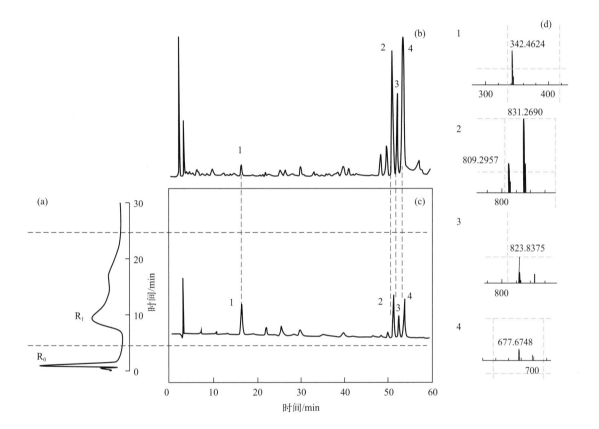

图6-58
淫羊藿总提物在二维在线联用系统的色谱图
(a)淫羊藿总提物在EGFR^{in}-SNAP-tag/CMC柱上的保留行为;(b)淫羊藿总提物直接进样HPLC系统的色谱图;(c)保留组分R_1经过富集切换进入HPLC系统的色谱图;(d)1、2、3和4分别为木兰花碱、朝藿定B、朝藿定C和淫羊藿苷的质谱图

（三）小结

本案例首次构建了EGFR胞内结构域（EGFR^{in}）朝外的SNAP-tag/CMC-固定相，可用于小分子EGFR-TKI的筛选分析，并以众多的替尼类药物为对照，从中药复杂体系中发现更有效的拮抗剂，同时也为研究其作用机制提供了新思路和新方法。

（四）案例启发

1. EGFR-TKI的原创药物基本是国外首先发现的，利用EGFR^{in}-SNAP-tag/CMC-固定相，结合AI智能分析系统，以中药及天然药用植物为化合物库，筛选分析优效性药物的可行性。

2. 对于在临床使用替尼类药物的过程中已经明确存在的不良反应和耐药性，在用新方法进行筛选研究时如何克服？

3. 利用SNAP-tag蛋白标签制备EGFR^{in}-SNAP-tag/CMC-固定相，色谱柱的使用寿命明显延长，但其作为膜受体的仿生性是否有所损失？

案例2：EGFR^{out}/CMC模型与抗EGFR单克隆抗体的富集与纯化

表皮生长因子受体（epidermal growth factor receptor，EGFR）是重要的药物靶标，第二类酪氨酸激酶抑制剂是主要针对EGFR胞外结构域（EGFR^{out}）的单克隆抗体，直接阻断配体（如EGF）与EGFR的结合，抑制EGFR的激活。美国FDA最初批准的抗EGFR单克隆抗体有四种，包括西妥昔单抗（cetuximab）、尼妥珠单抗（nimotuzumab）、帕尼单抗（panitumumab）和曲妥珠单抗（trastuzumab）。

本案例利用SNAP-tag新型蛋白标签，制备了EGFR^{out}-SNAP-tag/CMC-固定相，在此固定相中EGFR胞外区（outside）是朝外的，可应用于复杂生物样品中单克隆抗体的富集与纯化。

（一）实验方法

1. 实验材料

EGFR^{C}-SNAP-tag HEK293细胞，西妥昔单抗，尼妥珠单抗，帕尼单抗，曲妥珠单抗，2-(N-吗啉)乙磺酸（MES），人血清，其他常用试剂同前所述。

2. 实验仪器

2D/CMC-分析仪[天然血管药物筛选与分析国家地方联合工程研究中心研制，悟空科学仪器（上海）有限公司生产]，其他实验相关设备与前述相同。

3. 实验条件

（1）EGFR^{out}-SNAP-tag/CMC模型的建立及考察

① EGFR^{out}-SNAP-tag/CMC模型的建立：首先制备EGFR^{C}-SNAP-tag细胞

膜。用胰蛋白酶将EGFR^c-SNAP-tag HEK293细胞消化，并用PBS（pH 7.4）洗涤两次。然后将5 mL Tris-HCl（pH 7.4）添加到细胞悬液中，并采用超声波细胞粉碎机破碎细胞，其功率为200 W，每次工作3 s后停2 s，重复工作8次。然后将混悬液离心（1000g，10 min）。取上清液以12000g离心20 min得到细胞膜沉淀。然后将细胞膜沉淀重悬于5 mL PBS中，并缓慢添加到0.04 g SiO$_2$-BG中，于37℃震荡（1500 rpm）孵育30 min。孵育30 min后，用PBS漂洗3次，洗去未反应的细胞膜。将混合好的细胞膜悬浮液缓慢加入SiO$_2$-BG（0.04 g）中，引发苄基鸟嘌呤与SNAP-tag之间的酶促甲基转移反应。在37℃反应30 min后，用PBS冲洗3次，1000g离心5 min，得到SiO$_2$-EGFR固定相。最后，采用湿法装柱将固定相填充到色谱柱（10 mm×2 mm I.D.）中以获得EGFR^{out}-SNAP-tag/CMC柱。

② EGFR^{out}-SNAP-tag/CMC模型的选择性考察：高选择性是EGFR^{out}-SNAP-tag/CMC模型的重要特征之一。为了确定EGFR^{out}-SNAP-tag/CMC柱的选择性，选择西妥昔单抗、尼妥珠单抗、帕尼单抗（均作用于EGFR）和曲妥珠单抗（作用于HER2受体）作为模型分子来考察该色谱柱的选择性。流动相为500 mmol/L硫酸铵，洗脱程序为0~30 min，0%~100% B，流速为0.2 mL/min，柱温为37℃，检测波长为280 nm。

（2）单克隆抗体和EGFR的作用力类型分析

基于溶剂计量置换保留模型（SDM-R），根据硫酸铵的结构特性，以水溶液为流动相A，以500 mmol/L硫酸铵为流动相B，梯度洗脱程序为：0~30 min，0%~100% B，流速为0.2 mL/min。调整流动相的比例（50 mmol/L、100 mmol/L、150 mmol/L、200 mmol/L、250 mmol/L、300 mmol/L、400 mmol/L、450 mmol/L和500 mmol/L硫酸铵）连续通过EGFR^{out}-SNAP-tag/CMC柱。在不同流动相比例下，将西妥昔单抗、尼妥珠单抗和帕尼单抗（1 mg/mL）进样分析，记录样品保留时间，并计算容量因子。本案例以SDM-R为模型，研究了一定浓度范围内置换剂对三种单克隆抗体在EGFR^{out}-SNAP-tag/CMC柱上保留的影响。根据SDM-R理论和公式，将lg[D]对lgk'进行线性回归可以得到亲和度参数的信息。

（3）蛋白质-蛋白质分子对接实验

ZDOCK是一种基于快速傅里叶转换相关性技术的刚性蛋白质-蛋白质对接算法，该算法同时还考虑了配体蛋白的柔性，在蛋白质-蛋白质的对接中具有很高的准确性。本案例采用ZDOCK对三种单抗与EGFR的结合模式进行了虚拟分析。西妥昔单抗（PDB代码：1YY9）、尼妥珠单抗（PDB代码：3GKW）、帕尼单抗（PDB代码：5SX4）和表皮生长因子受体（EGFR）胞外域的Fab片段结构均从蛋白质数据库中获得，对受体蛋白和配体蛋白进行结构优化，去掉结晶水和处理二硫键，处理金属离子，按照预期的温度和pH为蛋白质分子加上末端氢原子，采用ZDOCK对三种单抗与EGFR进行分子对接。

（4）SEC-HPLC分析单克隆抗体的大小异质性

采用尺寸排阻色谱法（size exclusion chromatography，SEC）分析单克隆抗体的大小异质性，采用TSK G3000SWxl SEC柱（7.8 mm × 300 mm，5 μm）为色谱柱，使用含有0.1 mol/L Na_2HPO_4和0.1 mol/L NaCl（pH = 6.7）的溶液作为流动相，流速为1 mL/min，柱温为37℃，在280 nm处监测单克隆抗体的洗脱。

（5）IEC-HPLC分析单克隆抗体的电荷异质性

采用离子交换色谱法（ion exchange chromatography，IEC）分析单克隆抗体的电荷异质性，色谱柱为TSK-CM-STAT IEC柱（100 mm × 4.6 mm，7 μm），流动相由溶剂A（20 mmol/L MES，pH = 6）和溶剂B（20 mmol/L MES，100 mmol/L NaCl，pH=6）组成，流速为0.5 mL/min。程序梯度为：西妥昔单抗和尼妥珠单抗，0～30 min，40% B～60% B；帕尼单抗，0～30 min，0% B～20% B。柱温为37℃，所有UV检测均在280 nm处进行。

（6）$EGFR^{out}$-SNAP-tag/CMC在线联用IEC-HPLC二维系统的构建

$EGFR^{out}$-SNAP-tag/CMC系统和IEC-HPLC系统通过十通阀和富集环进行联用，构成二维在线联用系统。其运行方法为：首先样品进入$EGFR^{out}$-SNAP-tag/CMC柱，在$EGFR^{out}$-SNAP-tag/CMC柱上的保留组分会经富集环进行富集，同时对第二维系统中的IEC-HPLC柱进行平衡；当细胞膜色谱柱上的保留组分被完全富集，切换十通阀，使富集环内的保留组分被流动相洗脱，进入IEC-HPLC系统进行分离鉴定。

（7）二维在线联用系统用于复杂生物样品中单克隆抗体的纯化

本研究利用$EGFR^{out}$-SNAP-tag/CMC模型纯化复杂生物样品中的单克隆抗体，以评价其潜在的应用价值。分别在$EGFR^{C}$-SNAP-tag HEK293细胞的培养液和人血清（用水稀释10倍）中加入西妥昔单抗、尼妥珠单抗和帕尼单抗，作为复杂生物样品。然后，将10 μL生物样品进样到$EGFR^{out}$-SNAP-tag/CMC柱中，$EGFR^{out}$-SNAP-tag/CMC上的保留部分在富集环中富集，然后洗脱到IEC-HPLC进行进一步的分离和鉴定。

（二）实验结果

1. $EGFR^{out}$-SNAP-tag/CMC柱选择性考察

$EGFR^{out}$-SNAP-tag/CMC柱用于识别和捕获作用于EGFR的抗体。采用曲妥珠单抗（作用于HER2）、西妥昔单抗（作用于EGFR）、尼妥珠单抗（作用于EGFR）和帕尼单抗（作用于EGFR）来评估$EGFR^{out}$-SNAP-tag/CMC柱的选择性。结果如图6-59所示，曲妥珠单抗在EGFR^{out}-SNAP-tag/CMC柱上没有保留，而西妥昔单抗、尼妥珠单抗和帕尼单抗均在EGFR^{out}-SNAP-tag/CMC柱上有良好的保留，保留时间分别为7.4 min、7.5 min和5.8 min，表明该色谱柱具有良好的选择性，能够特异性识别作用于EGFR的单克隆抗体。

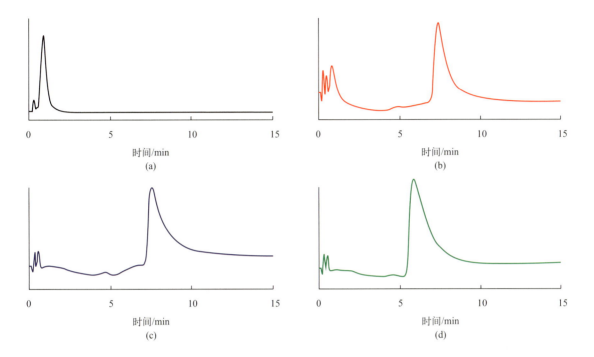

图6-59
不同单抗在EGFR^{out}-SNAP-tag/CMC柱上的色谱图

2. 单克隆抗体和EGFR的作用力考察

本案例通过将硫酸铵添加到流动相中来研究单克隆抗体取代硫酸铵与EGFR结合的能力。根据SDM-R理论和公式，将lg[D]对lgk'进行线性回归得到图6-60。计量置换保留模型中亲和势（I）的大小反映了配体与受体亲和作用的强弱。西妥昔单抗、尼妥珠单抗和帕尼单抗的lg$I$值分别为1.953、1.906和1.615，说明西妥昔单抗与EGFR的亲和作用最强，帕尼单抗与EGFR的亲和作用最弱，这与三种单克隆抗体在EGFR^{out}-SNAP-tag/CMC柱上的保留时间长短一致。

计量置换保留模型中置换分子数（z）的大小可以说明单克隆抗体取代硫酸铵与EGFR结合的能力。在不同浓度硫酸铵的存在下，西妥昔单抗、尼妥珠单抗和帕尼单抗的z值分别为0.4321、0.4238和0.3300。结果表明，与EGFR相互作用时，西妥昔单抗和尼妥珠单抗比帕尼单抗更容易受到溶液离子强度的影响。

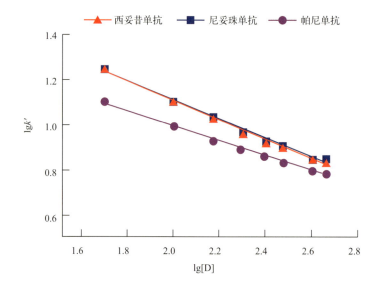

图6-60
溶质计量置换法确定硫酸铵对西妥昔单抗、尼妥珠单抗和帕尼单抗在EGFR^{out}-SNAP-tag/CMC柱上保留的影响（$n=3$）

3. 单克隆抗体与EGFR结合模式的虚拟分析

西妥昔单抗、尼妥珠单抗和帕尼单抗的Fab片段均与EGFR的结构域Ⅲ特异结合，其作用位点和生长因子与EGFR的结合位点相重叠。三种单抗的重链和轻链都参与了与EGFR结构域Ⅲ的结合[图6-61（a）、图6-61（b）、图6-61（c）]。图6-61（d）、图6-61（e）、图6-61（f）为西妥昔单抗、尼妥珠单抗和帕尼单抗与sEGFR结合区域的放大图。西妥昔单抗、尼妥珠单抗和帕尼单抗与sEGFR结合的残基个数分别为16、12、7。与帕尼单抗相比，西妥昔单抗和尼妥珠单抗与EGFR的结合位点更多，它们之间的亲和力更强。它们在结合方式上的差异可能是它们在EGFR^{out}-SNAP-tag/CMC柱上保留行为不同的原因。

4. 单克隆抗体的大小异质性和电荷异质性

单克隆抗体药物的大小异质性和电荷异质性对于评估其质量非常重要。本案例通过尺寸排阻色谱法分析单克隆抗体药物的大小异质性，通过离子交换色谱法分析其电荷异质性。在尺寸排阻色谱图中，发现三种抗体的单体比例与聚合物的比例相似[图6-62（a）、图6-62（b）、图6-62（c）]。离子交换色谱的结果显示在图6-62（d）、图6-62（e）、图6-62（f）中。三种单抗的大小异质性没有显著差异，但其电荷变体的组成存在显著差异。因此，本研究后续采用细胞膜色谱和离子交换色谱构成的二维在线联用系统对单克隆抗体进行纯化。

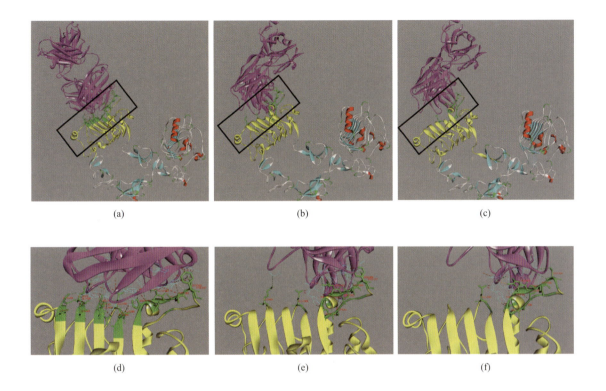

图6-61
西妥昔单抗、尼妥珠单抗和帕尼单抗与EGFR结合模式分析
西妥昔单抗（a）、尼妥珠单抗（b）和帕尼单抗（c）与EGFR分子结构域Ⅲ的结合模式图，其中单克隆抗体用粉色表示，EGFR的结构域Ⅲ用黄色表示；西妥昔单抗（d）、尼妥珠单抗（e）和帕尼单抗（f）与EGFR结构域Ⅲ结合区域的放大图，其中EGFR结构域Ⅲ的界面残基用绿色表示，单抗的界面残基用青色表示

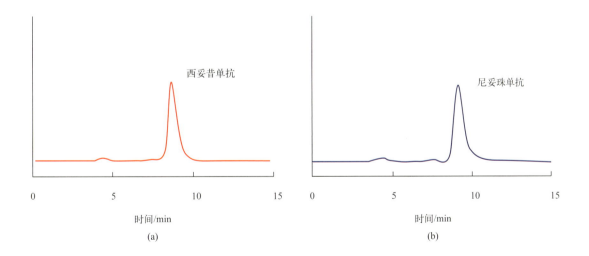

图6-62

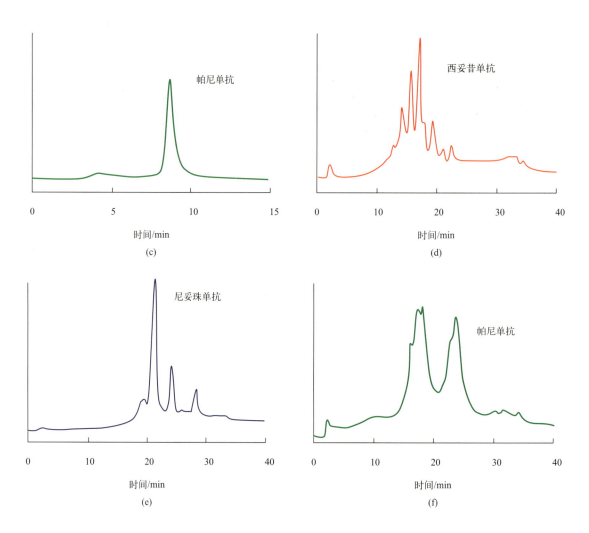

图 6-62
不同单抗的 SEC-HPLC（a）~（c）和 IEC-HPLC（d）~（f）色谱图

5. 二维在线联用系统用于细胞培养液中单克隆抗体的纯化

亲和色谱法是目前最常用的单克隆抗体纯化方法。通过亲和色谱法捕获后，大多数宿主细胞蛋白质、DNA 和其他非特异性结合杂质都被去除，但还需要进一步的提纯，一般采用离子交换色谱法对其进一步提纯。因此，本案例构建了 EGFR^{out}-SNAP-tag/CMC 在线联用 IEC-HPLC 二维系统，采用第一维 EGFR^{out}-SNAP-tag/CMC 柱对单克隆抗体进行捕获和纯化，第二维离子交换色谱法进一步对其进行精制和鉴定。用该二维在线联用系统纯化细胞培养液中的尼妥珠单抗，结果如图 6-63 所示。当含有尼妥珠单抗的细胞培养液进入二维在线联用系统时，在第一维 EGFR^{out}-SNAP-tag/CMC 柱上观察到明显的保留组分 R_1 和未保留组分 R_0，如图 6-63（a）所示。将 R_1 和 R_0 分别在富集环中富

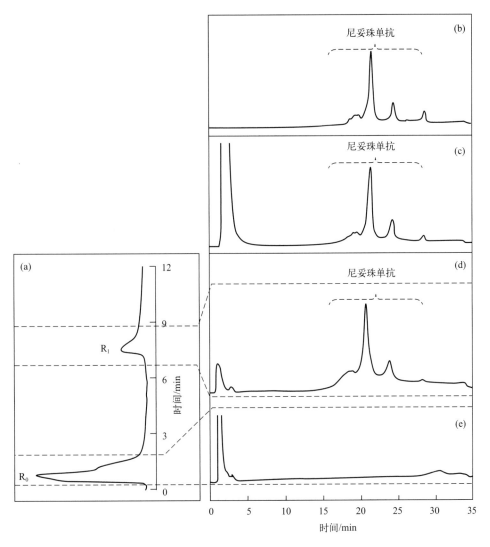

图6-63
EGFR^{out}-SNAP-tag/CMC在线联用IEC-HPLC二维系统从细胞培养液中纯化尼妥珠单抗

(a) 细胞培养液中尼妥珠单抗在EGFR^{out}-SNAP-tag/CMC柱上的保留行为；(b) 尼妥珠单抗在IEC-HPLC系统上的保留行为；(c) 细胞培养液中尼妥珠单抗在IEC-HPLC系统上的保留行为；(d) 保留组分R$_1$经过富集切换在IEC-HPLC系统上的保留行为；(e) 无保留组分R$_0$经过富集切换在IEC-HPLC系统上的保留行为

集，然后切换到第二维IEC-HPLC进行进一步鉴定和纯化，结果如图6-63（d）和图6-63（e）所示。图6-63（b）显示尼妥珠单抗直接进入IEC-HPLC的色谱图。图6-63（c）显示尼妥珠单抗的细胞培养液直接进入IEC-HPLC的色谱图。图6-63（d）中保留组分R$_1$的离子交换色谱图与图6-63（b）中直接进样尼妥珠单抗得到的离子交换色谱图相同，说明EGFR^{out}-SNAP-tag/CMC上的保留组分R$_1$为尼妥珠单抗，该二维在线联用系统可以从细胞培养液中富集和纯化作用于EGFR的单克隆抗体。

同时，本案例还对细胞培养液中的西妥昔单抗和帕尼单抗进行了纯化，结果如图6-64和图6-65所示。以上结果均表明该二维在线联用系统可以用于复杂生物组分中单克隆抗体的纯化和鉴定。

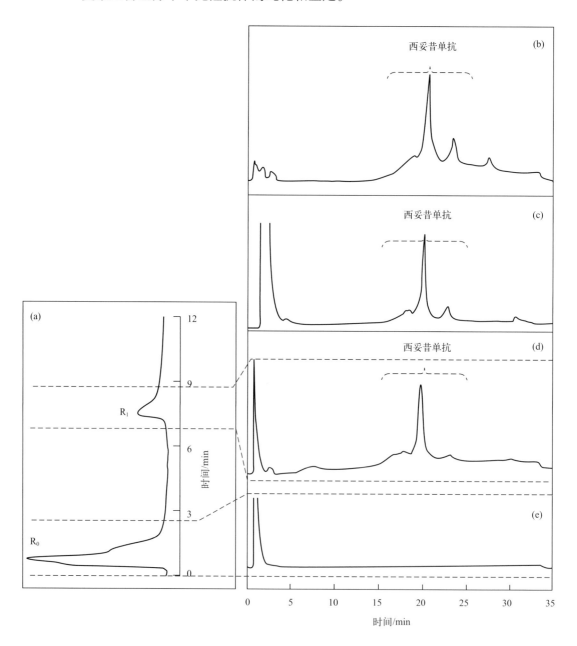

图6-64
EGFR^{out}-SNAP-tag/CMC在线联用IEC-HPLC二维系统从细胞培养液中纯化西妥昔单抗
(a) 细胞培养液中西妥昔单抗在EGFR^{out}-SNAP-tag/CMC柱上的保留行为；(b) 西妥昔单抗在IEC-HPLC系统上的保留行为；(c) 细胞培养液中西妥昔单抗在IEC-HPLC系统上的保留行为；(d) 保留组分R$_1$经过富集切换在IEC-HPLC系统上的保留行为；(e) 无保留组分R$_0$经过富集切换在IEC-HPLC系统上的保留行为

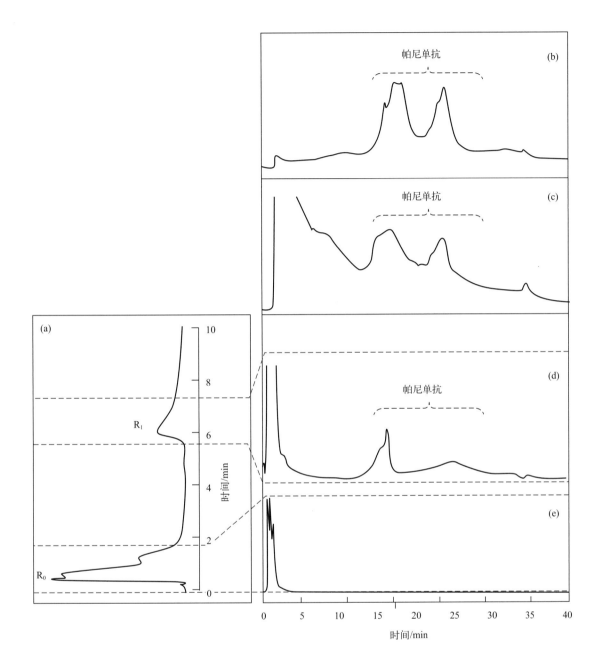

图 6-65
EGFR^{out}-SNAP-tag/CMC 在线联用 IEC-HPLC 二维系统从细胞培养液中纯化帕尼单抗

(a) 细胞培养液中帕尼单抗在 EGFR^{out}-SNAP-tag/CMC 柱上的保留行为;(b) 帕尼单抗在 IEC-HPLC 系统上的保留行为;(c) 细胞培养液中帕尼单抗在 IEC-HPLC 系统上的保留行为;(d) 保留组分 R_1 经过富集切换在 IEC-HPLC 系统上的保留行为;(e) 无保留组分 R_0 经过富集切换在 IEC-HPLC 系统上的保留行为

（三）小结

本案例首次构建了 EGFR 胞外结构域（EGFR^{out}）朝外的 SNAP-tag/CMC-固定相，可用于大分子抗体药物的筛选分析和分离纯化，也为研究抗体药物的作用机制提供了新分析方法。

（四）案例启发

1. 本案例利用 SNAP-tag 蛋白标签技术，成功构建了 EGFR^{out}-SNAP-tag/CMC-固定相，可用于抗体与受体的作用特性研究，试分析一下抗体与受体间作用力类型与特异性的关联度。

2. 抗体与 EGFR 相互作用时，西妥昔单抗、尼妥珠单抗和帕尼单抗的 K_D 值均不相同，与 EGFR 结合的残基数目也不一致，试分析其相互作用区域差异。

3. 本案例将 EGFR^{out}-SNAP-tag/CMC-固定相用于抗体药物的分离纯化，大多数单克隆抗体是由重组活细胞生产的，试设计用 CMC-固定相分离中试规模原始样品的纯化装备。

参考文献

[1] 贺浪冲. 细胞膜色谱法 [D]. 西安：西北大学，1998.

[2] He L C, Yang G D, Geng X D. Enzymatic activity and chromatographic characteristics of the cell membrane immobilized on silica surface [J]. Chin Sci Bull. 1999, 44(9)：826-831.

[3] 耿信笃. 计量置换理论及应用 [M]. 北京：科学出版社，2004.

[4] 卢因，卡西梅里斯，林加帕，等. 细胞 [M]. 桑建利，连慕兰，译. 北京：科学出版社，2009.

[5] 诺顿. 机械设计（原书第6版）[M]. 翟敬梅，李静蓉，徐晓，等译. 北京：机械工业出版社，2010.

[6] Snyder L R, Kirkland J J, Dolan J W. 现代液相色谱技术导论 [M]. 陈小明，唐雅妍，译. 3版. 北京：人民卫生出版社，2012.

[7] Silver D, Schrittwieser J, Simonyan K, et al. Mastering the game of go without human knowledge [J]. Nature. 2017, 550：354-359.

[8] 克雷布斯，戈尔茨坦，基尔帕特里克. Lewin基因XII [M]. 江松敏，译. 北京：科学出版社，2021.

[9] 罗素，诺维格. 人工智能：一种现代的方法 [M]. 张博雅，陈坤，田超，等译. 4版. 北京：人民邮电出版社，2022.

[10] Brunton L L, Knollmann B C. The Pharmacological Basis of Therapeutics [M]. 14th ed. New York：McGraw-Hill Education，2023.

[11] 海菲兹. 人工智能药物研发 [M]. 白仁仁，译. 北京：科学出版社，2023.

主要符号中英对照表

英文缩写	英文全称	中文全称
AC	affinity chromatography	亲和色谱法
ACE2	angiotensin converting enzyme 2	血管紧张素转换酶2
AI	artificial iintelligence	人工智能
API	atmospheric pressure ionization	大气压离子化
APS	ammonium persulphate	过硫酸铵
ASP	adsorption stationary phase	吸附型固定相
BSP	bonded stationary phase	键合型固定相
BT	biology technology	生物技术
CADD	computer-aided drug design	计算机辅助药物设计
CM	cryoelectron microscopy	冷冻电子显微镜技术
CMC	cell membrane chromatography	细胞膜色谱
CMC-SP	CMC-stationary phase	细胞膜色谱固定相
DIPEA	N,N-diisopropylethylamine	N,N-二异丙基乙胺
DMSO	dimethyl sulfoxide	二甲基亚砜
EGF	epidermal growth factor	表皮生长因子
EGFR	epidermal growth factor receptor	表皮生长因子受体
FCM	flow cytometry	流式细胞分析技术
FFF	field-flow fractionation	场流分离
FBS	fetal bovine serum	胎牛血清
FTIR	Fourier transform infrared spectrometer	傅里叶变换红外光谱仪
GC	gas chromatography	气相色谱法
GPCRs	G protein-coupled receptors	G蛋白偶联受体
HGP	human genome project	人类基因组计划
HPLC	high performance liquid chromatography	高效液相色谱法
HSA	human serum albumin	人血清白蛋白
IAMs	immobilized artificial membranes	固定化人工膜
IEC	ion exchange chromatography	离子交换色谱法
K_D	equilibrium constant	平衡常数

英文缩写	英文全称	中文全称
k'	capacity factor	容量因子
LAD2	laboratory of allergy diseases	过敏性疾病实验室
LRI	ligand-receptor Interaction	配体-受体相互作用
MrgX2	mas-related G-protein coupled receptor X2	mas相关G蛋白偶联受体X2
MS	mass spectrometry	质谱
PCR	polymerase Chain Reaction	聚合酶链式反应
RBA	radioli-gand binding assay	放射性配体结合分析
RBD	receptor binding domain	受体结合域
RSTK	receptor serine/threonine kinase	受体型丝氨酸/苏氨酸激酶
RTK	receptor tyrosine kinase	受体型酪氨酸激酶
SARS-CoV-2	severe acute respiratory syndrome coronavirus 2	严重急性呼吸综合征冠状病毒2
SDM-R	stoichiometric displacement model for retention	计量置换保留模型
SEC	size exclusion chromatography	尺寸排阻色谱法
SEM	scanning electron microscope	扫描电镜
SMA	styrene maleic acid copolymer	苯乙烯马来酸酐共聚物
SMST	single molecule sequencing technology	单分子测序技术
SPR	surface plasmon resonance	表面等离子体共振
SSA	saikosaponin A	柴胡皂苷A
UPLC	ultra performance liquid chromatography	超高效液相色谱法